景观及其规划设计研究

刘静霞 著

中国水利水电出版社
www.waterpub.com.cn
·北京·

内容提要

滨水景观是现状景观的一种，具有极高的审美价值，是构成城市景观要素的重要元素。作为城市设计中关键一环的滨水空间景观设计越来越被人们所关注。本书首先对滨水景观及其景观设计的相关理论知识进行了介绍，之后对其整体与细部的规划设计进行了探究，随后对不同类型的滨水景观设计进行了介绍，接着分析了滨水景观面临的问题及其环保设计，最后对中外滨水景观设计的实例进行了解析。本书结构合理、条理清晰，内容全面、详实，是一本兼有实用性与可读性的理论著作。

图书在版编目（CIP）数据

滨水区景观及其规划设计研究 / 刘静霞著 . — 北京：中国水利水电出版社，2019.1（2025.6重印）
ISBN 978-7-5170-7440-3

Ⅰ . ①滨… Ⅱ . ①刘… Ⅲ . ①城市 – 理水（园林）– 景观设计 Ⅳ . ① TU986.4

中国版本图书馆 CIP 数据核字（2019）第 031171 号

书　　名	滨水区景观及其规划设计研究 BINSHUIQU JINGGUAN JI QI GUIHUA SHEJI YANJIU
作　　者	刘静霞　著
出版发行	中国水利水电出版社 （北京市海淀区玉渊潭南路 1 号 D 座　100038） 网址：www.waterpub.com.cn E-mail：sales@waterpub.com.cn 电话：（010）68367658（营销中心）
经　　售	北京科水图书销售中心（零售） 电话：（010）88383994、63202643、68545874 全国各地新华书店和相关出版物销售网点
排　　版	北京亚吉飞数码科技有限公司
印　　刷	三河市华晨印务有限公司
规　　格	170mm × 240mm　16 开本　15 印张　194 千字
版　　次	2019 年 3 月第 1 版　2025 年 6 月第 2 次印刷
印　　数	0001—2000 册
定　　价	72.00 元

前　言

水与人类自身繁衍生存有着密不可分的关系。水域孕育了城市和城市文化，成为城市发展的重要因素。滨水景观是现状景观的一种，具有极高的审美价值，是构成城市景观要素的重要元素。从一个城市的空间构成来说，滨水景观是一个特定的空间体，邻近建筑和水域。滨水区在提高城市环境质量、丰富地域风貌等方面具有极为重要的价值，其独特地位正在受到人们的普遍关注。其开发建设不仅为城市社会经济的发展带来了机遇，而且也为城市特色风貌形象的塑造提供了契机。在城市建设高速发展的今天，滨水区景观以其良好的城市形象、怡人的人居环境、巨大的经济价值、优越的建设用地、脆弱的生态环境成为城市规划研究中最为敏感的问题之一。

随着城市发展的外扩，人类对滨水地域环境的质量要求逐步提高。作为城市设计中关键一环的滨水空间景观设计也越来越被人们所关注。基于滨水区景观及其规划设计的重要性，特撰写《滨水区景观及其规划设计研究》一书，以期通过本书使人们对滨水景观有更多的认识，同时也能引起更多滨水景观设计者与研究者的关注与深入研究。

本书由绪论和七章内容组成。先从水与人的渊源入手，分析了水对于人的重要性，而后引出滨水景观及其规划的相关内容。本书第一章作为开篇引言，首先对滨水景观与滨水景观设计的基础知识进行了介绍，为下面更深入地介绍滨水景观规划设计做了铺垫。第二章和第三章则分别从总体与细部两个方面对滨水景观的规划设计进行了介绍，内容既全面又具体。与自然和谐相处、以人为本已越来越成为滨水景观设计的发展趋势，因此本书的第四章便主要对自然、人文、寓意三种类型的滨水景观设计进行了介绍。

随着滨水景观的快速发展，其面临的问题也越来越突出，在对滨水景观进行开发与设计的同时，对于生态的破坏问题也越来越严重，这必须引起我们的重视，任何活动都不能是以破坏环境为前提进行的。因此，本书第五章便对滨水景观面临的问题进行了分析，同时对其生态保护与设计进行了研究，希望人们在对滨水景观进行规划时，尊重自然，对其科学性、合理性进行把握。

滨水景观设计从其发展到现在，经过了一个漫长的过程，在这个过程中，涌现了很多优秀的设计案例，本书最后一章便对中外滨水景观设计的实例进行分析，希望人们可以从中得到借鉴、启发。

本书有着鲜明的特点，主要体现在以下几个方面。

第一，亮点突出。本书的第四章、第五章是本书的重点内容，在整体篇幅中占有较大的比重。第四章与时代发展趋势相符合，从自然、人文等方面出发，对滨水景观设计进行了介绍；第五章则从开展得如火如荼的滨水景观设计的对立面出发，探析其在发展中存在的问题，并对其符合时代发展需要的生态保护与设计进行了介绍，内容较为新颖。

第二，体系完整。本书在内容上形成了完整的理论体系，首先对滨水景观与滨水景观设计的理论知识进行了介绍，之后从整体与细部出发，对滨水景观的规划设计进行了分析，随后对不同类型的滨水景观设计进行了研究，并提出了滨水景观现在面临的问题及其设计的趋势，最后对中外滨水景观设计的实例进行介绍，整个理论体系全面完整。

第三，图文并茂。本书在对滨水景观及其规划设计进行理论介绍的同时，配以相应的图片，使读者理解更为容易，也使本书更具吸引力。

本书在撰写的过程中，借鉴了许多同仁前辈的研究成果，在此表示衷心的感谢。由于本人时间和精力有限，书中难免存在不足之处，恳请广大读者批评指正。

作　者

2018 年 9 月

目录

绪　论　城市文化与水

水是生命中不可缺少的因素，也是景观创作的重要元素之一。河流的存在更是与城市的发展息息相关。水不但孕育了城市文化，更与城市一起发展。本章围绕水的基本特性、水与环境、城市与水等内容进行了分析。

一、水的特性和寓意

（一）水的基本形态

最常见的自然形态的水是无色无味的液体，是一切生命体赖以生存的最基本的物质。水在自然环境内会出现液态、固态和气态三种形态，演化为雨、雪、霜、雾等自然现象，与山石、植被和气象条件相结合形成色彩缤纷的自然景象。

图1是雾、云、雨、雪等自然现象构成的奇妙景观——黄山云海，雨后云海掩映山峰，产生漂浮的云里雾里的仙境之感。

图1　黄山云海

图 2 为玉龙雪山的高原云雪交融地广人稀,雪原高山与天上漂浮白云的相映,天地一线。

图 2　玉龙雪山

景观设计重点考虑的水的形态是通过周围的驳岸、空间容量和水量、地形高差、水速等来表现的。

从自然形态到人工形态,水景可以分为以下四种类型。

第一种类型是线性的自然河流或人工开凿的运河、水道、水渠等地表径流,也是最常见的一种水景。

第二种是滨海滨湖的面状水景,与河流的线性形态不同,城市面对的是相对开阔的完整水面。

第一种和第二种情况的水流、水量难以控制,遇到强降水、风暴等灾害性气候,一条失控的河流具有极大的毁灭性。因此,面对滨海滨河环境时,往往修筑堤坝、围堰、水闸、硬质驳岸来控制可能出现的灾害,以便水流可以更好地服务于水运要求。但是,硬性的堤坝水闸等往往会改变原有滨水区域生态环境,影响自然水体的净化能力,隔绝人与自然的亲近关系。

第三种类型是人工的或者自然的池塘、沼泽。它们基本是静态的水的形态,与周边环境形成一个自然生态系统,而且人们很容易接近。

第四种类型是点状的人工水景或者人工与自然相结合的水景。由于它是人工化的产物,因此可以根据需要,任意调节和控制水速、水量、高差、声音等,并通过光色变换来强调它夜间色彩的变化。在这种情况下,人工水景也通常设置于市场、广场的中心位置,是城市中人们行为活动的中心,或者一个社区的聚集场所。

(二)水的特性

自然情况下有流动的水、静止的水和在外力作用下产生的运动的水。水在重力的影响下流动,顺势而下,形成江河、溪流、瀑布,相对静止的水则形成湖泊、池塘和海洋。在外力作用下(分为自然外力和人工外力,包括风、地震、人工加压等),自然的水会产生波浪、波纹、跳跃、滴落和喷发等各种变化(图 3)。

图3 自然水景

水的另一个特性便是自古以来引发人们心理上的情感。

中国传统风水上认为水为财,山为靠,背山面水是较好的场地选择。

水的气势会给人们带来不同的心境:我们会感受奔腾的大

河和瀑布带来的一泻千里、豪迈的气势，也会静静地观赏池塘映月、潺潺溪流的抒情，或者水花跳动带来的惊喜；我们也会欣赏雨中西湖的别有洞天，雾中黄山的婀娜多姿。

图 4 为黄河壶口瀑布，黄河水奔腾而下，一泻千里，气势恢弘，让人感慨万千。

图 5 为西湖雨景，烟雨渺茫看湖景，宛如亭亭玉立的少女，婀娜多姿，妩媚动人。

水被看作生命的源泉。在古希腊哲学思想里，水被看作是构成我们所生活的世界的四种主要元素之一。

把水作为一个设计要素的人对水的这些情怀、符号和精神寓意的理解会有助于其在设计中合理利用水来造景。

图 4　壶口瀑布

图 5　西湖雨景

二、水与生存环境

（一）城镇与水的联系

1. 城市与水

为了确保城市水源和污物排放，城市选址多以江河湖等淡水资源丰富的区域作为首选，同时还利用水为屏障起到保护城市作用。

（1）水绕城的防御体系——淹城。淹城位于江苏常州市南面，始建于春秋晚期，遗址东西长 850 米，南北宽 750 米，面积约 0.65 千米^2，是我国西周到春秋时期地面古城遗址中保存最完整的一座。与一般中国传统古城一河一城形制不同，淹城是非常罕见的三城三河形制的城市水道防御布置，正好和《孟子》中"三里之城，七里之廓"的记载相吻。由里向外，由子城、子城河、内城、内城河、外城、外城河"三城三河"层层相套组成。子城，俗称"王城"，又称"紫罗城"，呈方形，周长 500 米；内城，亦称"里罗城"，呈方形，周长 1 500 米；外城，也叫"外罗城"，呈不规则椭圆形，周长 2 500 米。另设有一道周长 3 500 米的外城廓（图 6）。

图 6　淹城的航拍图

淹城格局明显呈龟纹。淹城的护城河是平地开挖形成的，其形制显示了当时人们对龟十分崇拜，深受龟文化的影响。挖河的土堆砌成墙，因淹城土质黏性较大，所以筑城墙时平地起筑，不挖基槽不经夯打，一层一层往上堆土。城墙断面均呈梯形，现高3～5米，墙基宽30～40米。护城河宽30～50米，局部宽达60米，深4米。

最能体现其防御特性特色的是进出淹城没有陆路，外城门、河内城门均为水门，仅能通过水道划船进出。另一个特点是进入淹城必须按照一定的行船路径才能入内城，即在外城墙的北侧偏西处进入，沿着脚墩、肚墩、头墩，由西向南行，直达外城墙的南端。再沿两处头墩的南北两侧东折进内城河，才能到达宽约2米的子城门，进入最核心的子城区域。

（2）水乡之城——苏州城。江南地区水网密布，水运交通发达，素有“水巷”一说。街道房屋沿两岸布置，市井、街道、水路交汇，故小规模的城镇常沿河展开，形成带状分布格局，如南浔古镇。而相对较大的市镇，也因交叉河道水网的布局形成诸如十字形、井字形而呈有一定纵深的块状布局。如明代的松江府（图7），城内街道系统和河道水路系统并存，共同构成城市交通网络。

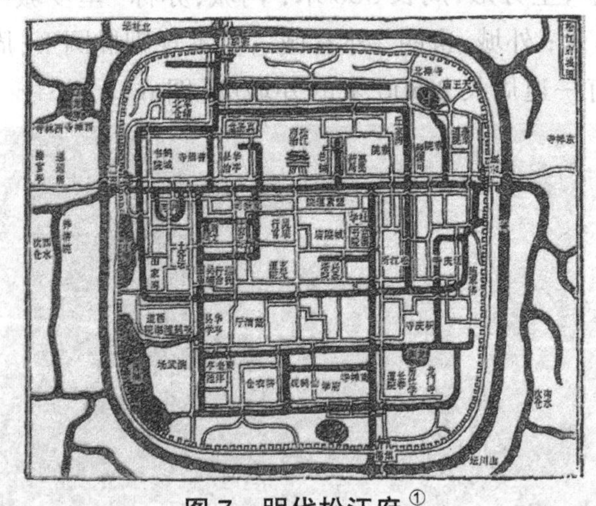

图7　明代松江府①

① 根据潘谷西编著《中国建筑史》松江府平面图整理。园中带方，三横三纵棋盘格局，水路、陆路相顾。

苏州城是建城早、规模较大的典型的江南水乡城市,又被称之为“东方威尼斯”(图8)。城址位于纵横交错的河网之上,充分利用水路交通的便利性,形成“水陆并行、河街相邻”的双棋盘格局。水路交通系统也有主次之分,即主要河道组成通向城门的主河道,与主河道相连着众多分支河道,通往各家各户。为了便于行船和不迷失方向,苏州城内水网形成“三纵三横一环”的河道水系。用类似于现代道路体系的方式,形成苏州城水陆两套体系,既高效,又形成了小桥流水人家的城市风情。市民无论外出、购物、社交都离不开河道,河道同时也起到排污和清洁城市的作用。

图8　苏州传统水巷街景

苏州与威尼斯水城都是建立在原有水网上的城市,但是两者除了城市色彩和建筑形式方面的差异,还有一个很重要的区别。苏州城是在原有水网基础上进行适度规制,形成水、陆通道兼顾、主次明确的交通体系,前水后街、前街后水为主要格局的城市风貌。而威尼斯水城是完全依托原有水系,因势就势建造,部分建筑架空建造于水面上,造成部分完全依托水上交通的前水后水的孤岛形态格局(图9)。

2. 村落与水

村落(特别在中国)是人们生活和从事农业生产的主要场所。

自古以来村落的选址与地表河流和湖泊的关系特别密切。自然河水作为人类生存不可缺少的要素，自然而然地成为古代自然村落生成的首要条件之一。

（1）西递。安徽西递村落与河流的关系体现了古代人民的智慧，引河水穿越村落，提供生活生产用水。西递位于安徽省黟县东南部，地处丘陵山地中的狭长盆地，面积12.96公顷，乃取村中三条溪水自东向西流之意，又因位于徽州府之西，曾设“铺递所”，故改名西递。西递的村落选址与布局除了地形上的考虑，与这三条水系也有着直接的关系。村落恰选址在三溪即将交汇区段，路经村落之后，三溪便合流为一股，向西南流去，这样选择的目的很明显，即便于多元化地、稳定地获取清洁水源，宜于生产生活。

图9 威尼斯航拍图

西递四周山体形态丰富，山体间有众多谷地和盆地，数条山谷从山中向外延展，形成适宜居住生产的平地。西递河流与道路关系密切，并直接形成该村落的水景景观特色。图10左图表明河流与村庄街道关系紧密，右图河流呈川字形，沿村庄外围和内部穿越而过。

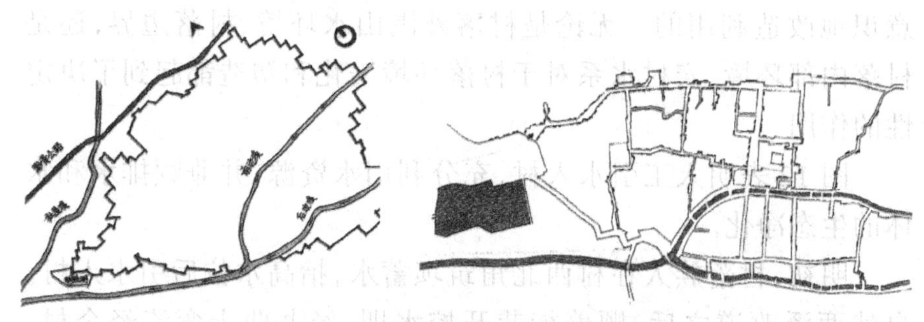

图 10　西递村落与水格局示意图

村中有三条形成“川”字形的溪流，两条成为村子边界，一条直接穿过村落，并贯穿村中若干小的河道，整个村落与水相互交融。河流围合形成村落主要区域，村中街道以一条纵向街道和两条沿溪而置的街道为主要骨架，构成以东西为主干，向南北双向支路延伸辐射的村落街巷系统。无论格局还是走势，街道与河流关系密不可分(图 11)。

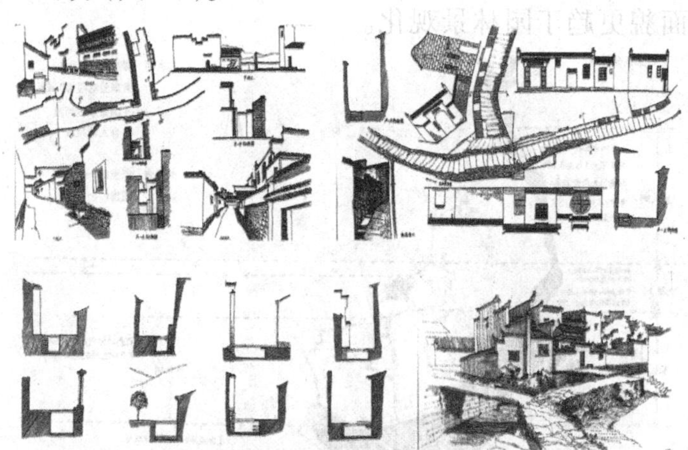

图 11　西递河流与街道和两边建筑的各种关系

西递处于山区，地势变化较大，东西落差约 43 米，南北落差 5 ~ 6 米，水流流速较快。因此，水流不仅带来了清水，也冲走了污物，保证了村落的环境品质。

(2)宏村

宏村北高南低，西溪蜿蜒南下。与西递村相比较，宏村受到水系的影响更大。宏村的另一个重要的特点是其水系是经过有意识地改造利用的。无论是村落外围山水环境、村落边界，还是村落内部环境，宏村水系对于村落环境美化和塑造都起到了决定性的作用。

图 12 表明人工引水入村，充分利用水资源，并兼顾排水和水体的生态净化。

明初，村落族人在村西北角筑坝蓄水，抬高水位后引水入村。自然西溪改道之后，顺着街巷开挖水圳，经九曲十弯流经全村。同时，在村落中心处利用原有泉眼挖掘拓宽成半圆池塘月沼，并在池边建总祠，形成整个村落核心地带。明末，经过进一步完善水圳，村南开挖南湖，水流最后注入南湖。整个宏村水系塑造出了一个完善的取水排污和水景系统，呈现出如溪流、池塘等动静相宜的多种多样的水体形态和生活场景。再结合码头、平台、桥梁等功能设施，极大地丰富了村落高程轮廓线和观景视线，使整体村落面貌更趋于园林景观化。

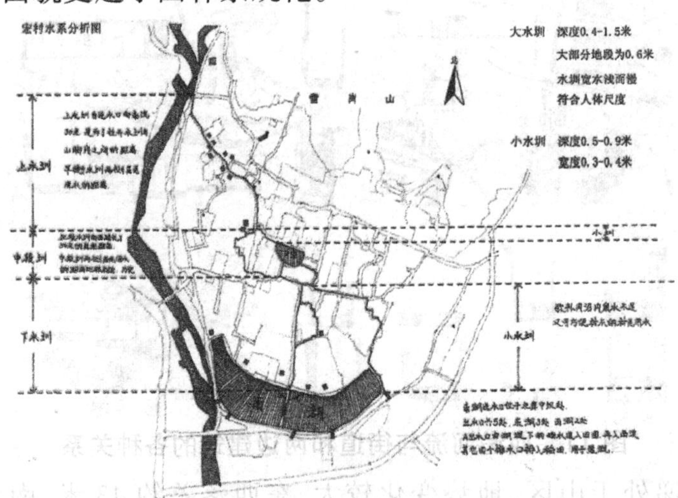

图 12 宏村水系与村落关系分析图

图 13 表明月沼既是水循环当中的重要组成部分，又是村民公共生活交流的重要场所。

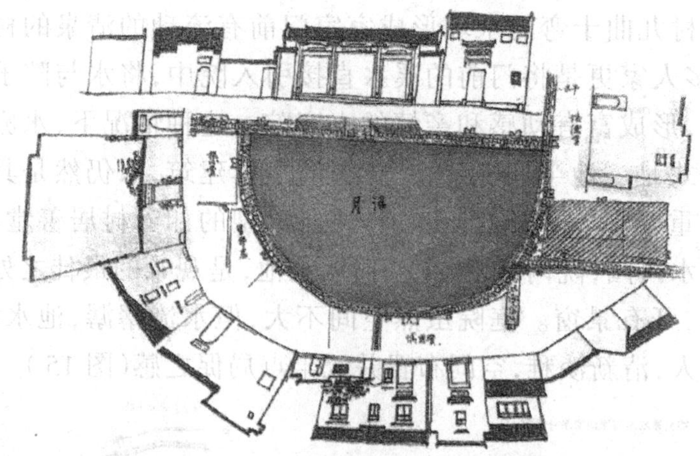

图 13　宏村的月沼与周边建筑关系的分析图

宏村的水系改造极富效率，水圳开挖的初始目的是为了疏通水系和便于各家各户用水（图 14）。水圳也成为宏村的上下水管网，村民洗涤和饮用用水都源于此。全村距水源最远的住户，直线距离也不过 100 米，大部分住户水源的直线距离在 60 米以内。为了清洁水系，这个所谓的“牛形村”有着一套完整的“消化清洁系统”。西溪之水通过拦坝引入村内，经过蜿蜒曲折的水圳（牛肠），先从村西半边各家门前经过，然后流入村子中部月沼（牛胃）。经过月沼的沉淀和净化之后，水再通过水圳（牛肠）流经村东半边的各户人家，最终经过过滤池流入位于村子东南部的“牛肚”——南湖。面积宽大的南湖有机质含量高，便于养殖，也便于农田灌溉。同时，挖塘蓄水又可起到蓄水防旱和防火的作用，对改善地下水状况和调节村落内部微气候也都具有良好作用。

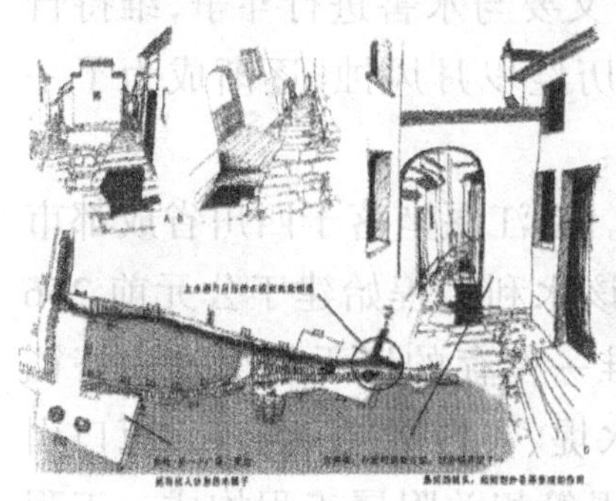

图 14　宏村街景图

宏村九曲十弯的水圳形成家家门前有流动的清泉的村落景观，许多人家更是将门前的溪水直接引入院中，将水与院子空间相结合，形成富有动感和亲情的水庭院。这种情况下，水庭院通常的模式是一池半榭(亭)，是花园的主体建筑，水仍然是其组织空间的重要手段，起到突出的作用。典型的如宏村居善堂花园，水圳引水入园，院内凿池，半亭倚墙临池，是观景的最佳之处。院北为墙，开有景窗。庭院虽然空间不大，但水流潺潺，池水清澈，尺度宜人，清新淡雅，空间布置并无半点局促之感(图 15)。

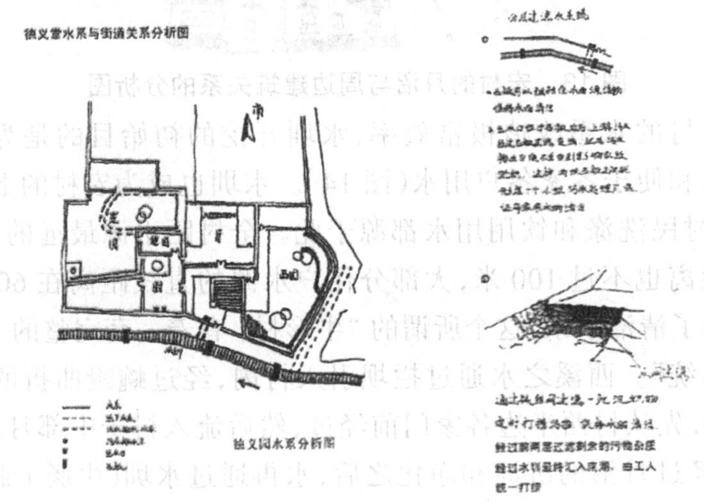

图 15　宏村德义园的内外水系分析图

3. 生产设施与水

水与人类的生产活动密不可分。自古以来，为了生存与发展，人们既要依靠江河，就近确保水源，又要与水害进行斗争，维持自身生存安全。各种水利生产设施，历经岁月风蚀，逐渐成为了一道人工与自然完美结合的滨水风景。

(1)水利工程——四川都江堰。都江堰坐落于四川省成都市西面，在成都盆地西侧的岷江上。该水利工程始建于公元前 256 年，是迄今为止世界上年代最久、唯一留存的以无坝引水为特征的水利工程。水利工程由鱼嘴分水堤、飞沙堰溢洪道、宝瓶口引水口三大主体工程和百丈堤、人字堤等相关附属工程构成。工程充分利用当地西北高、东南低的地理条件，根据江河出山口处特殊的地形、水脉、水势，乘势利导。无坝引水既可解决自流灌溉，又可使堤防、分水、泄洪、排沙、控流相互依存，共为体系。都江堰水利工程科学地解决了江水自动分流、自动排沙、控制进水流量等问题，保证了防洪、灌溉、水运，充分发挥了水利工程的综合社会效益。长年以来，历经风雨，都江堰成为人类在尊重自然的前提下，改造自然、创造人与水共生的文化景观的典范(图 16)。

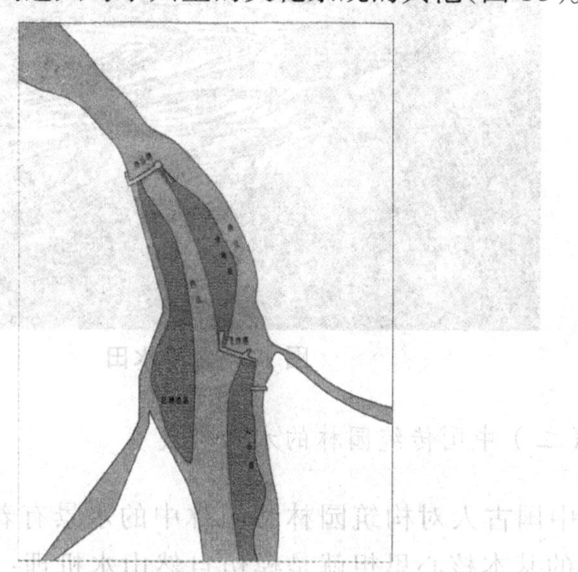

图 16 都江堰水利工程平面示意图

(2)水田水渠——云南水田。中国南方气候温暖湿润，雨水充沛，地表径流丰富。以种植稻米为主要农作物的南方村落，往往将农田依托河流平行设置，这样只需将河水顺势引入农田，便可以充分利用水资源。许多地方都可以看到人们为了生产、生活目的，而修建了大量的水利工程。这些水利工程项目与自然环境条件和景观要素密切结合在一起，宛如天成，浑然一体。如在云南省高原地区，由于平整土地较少，人们因山坡坡势，修筑阶梯状梯田，形成独特农业水景风貌。为了围合固田，构筑坝体，坝体全部清一色地采用当地山上的坚石垒砌而成，与周围环境融为一体。依山蜿蜒的坝体本身就是一处非常好的观赏点，其柔和曲线，与水田农作物和水体相呼应，宛如大地艺术一般气象万千，富有诗意。

图 17 中层层跌落的水田既是农业生产设施，也形成了人工与自然完美结合的农业景观。

图 17　云南水田

（二）中国传统园林的水景构筑

中国古人对构筑园林和园林中的水景有着明确的描述，其造园的基本核心思想就是模仿自然山水机理："园基不拘方向，地势自有高低；……高方欲就亭台，低凹可开池沼；卜筑贵从水面，立基先究源头，疏源之去由，察水之来历。临溪越地，虚阁堪支；来巷借天，浮廊可度……架桥通隔水，别馆堪图"（《园冶·相地》）。造园须因势就势，筑山挖池，并运用借景、透景、漏景、框景等手法，小中见大，层层叠叠，创造巧夺天工的人工自然美景，即"虽由人作，宛自天开……大观不足，小筑允宜。"（《园冶》）在传统造园中，水景的创作刻画起到了重要的作用。

1. 选址

选址也叫"相地"，古人对于园林选址有着很多的讲究，根据山林野地、江河湖畔地、城市村庄地等的地形不同，因势就势，疏溪浚涧，凿濠掘池，并与建筑和植栽相结合，创造出一步一景的自然情趣。

（1）山林野地。山地、林地是自然田园，山间溪流淙淙，林木繁盛，自成天然之趣。因此，在园林水景创作中，主要是借地生景，即利用原有地形地貌、植被溪水，进行适当的人工疏导，扩大水面，配合亭台叠石，构筑景致。《园冶》中对山林地水景有这样的描述："入奥疏源，就低凿水……杂树参天，楼阁碍云霞而出没；繁花覆地，亭台突池，弓而参差。绝涧安其梁，飞岩假其栈……槛逗几番花信，门湾一带溪流，竹里通幽，硷寮隐僻，送涛声而郁郁，起鹤舞而翩翩……千峦环翠，万壑流青。"（《园谷·相地》）可见对原有地形地貌的理解对造园和水景意境创造有着极其重要的作用。

（2）江河湖畔地。江河、湖岸边是天然的滨水空间，视野宽阔，触景生情。因此，依托自然江河湖泊的气势，筑景极少干预水体的边际和形态，多以小筑亭台、驻留观赏或水上泛舟等活动为主，调节心绪，抒发情感。"江干湖畔，深柳疏芦之际，略成小筑，三微大观也。悠悠烟水，澹澹云山，泛泛渔舟，闲闲鸥鸟，漏层阴而藏阁，迎先月以登台。"（《园冶·相地》）

（3）城市用地。城市内建筑、街道、市井密集，可利用和借鉴的地形和景致很少，因此不适宜建造园林。在土地空间狭窄、自然景观不足的前提下造园筑景，必须通过路径、建筑、水景和植栽，曲径通幽，彼此借鉴，彼此掩映，创造人工自然的山水意境。"开径逶迤，竹木遥飞叠雉；临濠蜿蜒，柴荆横引长红……架屋随基，浚水坚之石麓……清池涵月"（《园冶·相地》）

2. 水景

在中国传统园林的造景理念中，水景往往成为其中必不可少的主景。围绕水体的形态、大小、流速，形成池、涧、曲水和瀑布等水景。

（1）池。池是最常见的水景之一，它往往位于传统园林的核心区，构成整个园林的中心景观。池面有大有小，小尺度的池上筑山，形成池山，往往造型独特，成为园中主景（图 18）。《园冶》

记载:“池上理山,园中第一胜也。若大若小,更有妙境。就水点其步石,从巅架以飞梁;洞穴潜藏,穿岩径水;峰峦飘渺,漏月招云;莫言世上无仙,斯住世之瀛壶也。”(《园冶·掇山》)

图 18　醉白池

大尺度的水面可以形成宽阔的人工湖,四周步道廊道、山体、建筑围绕,气势磅礴,美不胜收。如坐落于北京市西北郊的著名皇家园林颐和园(前身叫清漪园)。清漪园原以自然山水为基础,后经过不断的扩建,逐步形成现在的颐和园。颐和园中最具特色的便是水域面积占颐和园总面积的 3/4 的昆明湖。昆明湖是清代皇家诸园中最大的湖泊,它以烟波浩渺的气势及长堤分割湖面突出景观层次和寓意,成为大尺度造园水景的典范。

昆明湖位于颐和园中部,是颐和园中最为秀美的景区(图 19)。湖中一道长堤(名叫西堤),自西北蜿蜒向东南,并与其向西延伸出来的分堤一起,恰好把昆明湖分割成大小不一的三个湖面。两个较小的湖区又分别起名为西湖和养水湖。三个湖区各设一个小湖心岛,相互呼应,成鼎足而峙的布列,湖区建筑主要集中在三个岛上,象征着中国古老传说中的东海三神山——蓬莱、方丈、瀛洲。西堤两侧水面,视野开阔,明显有意识地模仿杭州西湖的苏堤和“苏堤六桥”。昆明湖东侧是中国传统园林中最长的长达 728 米的长廊,与西堤东西对峙。湖岸和湖堤垂柳浓荫,随风飘逸，掩映潋滟水光，俨然一副北方赛江南湖光山色的情调。

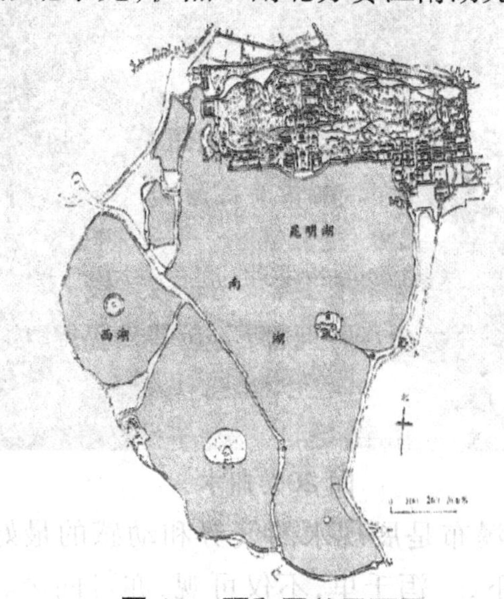

图 19 颐和园总平面图

昆明湖北侧筑山，名曰万寿山，是颐和园的制高点。在山体居中部位，依靠山势构建一组体量大、形态多样的华丽的殿堂台阁，从湖岸直至山顶，构成贯穿于前山上下的纵向中轴线。万寿山上视线开阔，湖、岛、廊、堤尽收眼底，同时也成为从西堤和东堤观景的焦点。通过借景的造园手法，园外数里自然而疏朗的玉泉山秀丽山麓，烘托着山上的端庄典雅的殿堂楼宇，又与昆明湖池水、长堤廊桥呼应，避免了大尺度湖面的景观单一、缺乏灵气的弊端，是湖景构筑的成功典范。

（2）曲水和涧。曲水和涧均有源头，如瀑布或者泉眼等。无论自然溪流还是人工构筑流水都是顺势而下，并与山石、假山、亭阁相结合，观水听声，其味无穷。传统园林中，曲水多凿石槽引水渠，源头置泉口或瀑布，亦可流觞，似得天然神趣。特别是假山，多临水或设置泉口、瀑布，水顺势蜿蜒而下，或见水或闻水声，惟妙惟肖（图 20）。

图20　曲水

（3）瀑布。瀑布是展现水的气势和动感的最好方法。如峭壁山上，奔腾直下，一泻千里，不仅可观，亦可闻声。瀑布处理必筑山石，抬高气势，尤其需要考虑山石体量、结构以及落水口的宽度和垂直高度。瀑布水口下，峭壁贵于直立。瀑布下可设置池水，也可设置块石增大水石冲击力，制造声势（图21）。

图21　宁园瀑布

3. 搭配

“开土堆山，沿池驳岸；曲曲一湾柳月，灌魄清波……池塘倒影，拟人鲛宫……疏水若为无尽，断处通桥……房廊蜒蜿，楼阁崔巍。”(《园冶·立基》)可见传统园林中,水景构筑必须与屋宇、台榭、桥廊等搭配,相互呼应,才可营造精妙的景致,动“江流天地外”之情,合“山色有无中”之意。

(1)亭榭。亭和榭是传统园林中常用的建筑形式,也是水边观景的最佳场所。亭和榭构筑便捷,并无太多格式,可根据造景观景需要,既可隐于花间,也可安置水际(图22)。“花间隐榭,水际安亭,斯园林而得致者。惟榭只隐花间,亭胡拘水际,通泉竹里,按景山颠,或翠筠茂密之阿;苍松蟠郁之麓;或借濠濮之上,入想观鱼;倘支沧浪之中,非歌濯足。”(《园冶·立基》)

图22　济仙亭

(2)廊房。廊其实是屋的外延一步所形成的室内外连接空间。可根据实际面积、地形、地势,宜曲宜长,可上可下,通花渡壑,蜿蜒无尽。具体设计上,多和亭、堂、榭、舫等建筑物相连,沿水边际伸展,构成观赏水景的绝佳位置(图23)。

(3)桥堤。桥和堤起到连接或者分割、围合水面的作用,也是增添观赏水景位置、丰富水边际线的重要手段之一。故《说文解字》段玉裁的注释为:“梁之字,用木跨水,今之桥也。”说明桥的最初含意是指架木于水面上的通道(图24)。

图 23　拙政园的廊

图 24　颐和园长桥

桥架于水面之上，除了起到交通连接功能之外，中国古人还创造了丰富多彩的桥梁形式，增加了水边景观效应。桥梁根据结构形式和外观形态分为梁桥、浮桥、索桥、拱桥四种基本桥型。又根据其使用建造材料的不同，分为木桥、石桥、砖桥、竹桥、盐桥、冰桥、藤桥、铁桥、苇桥等。根据构造形式不同，又有石柱桥、石墩桥、漫水桥、伸臂式桥、竹板桥、石板桥、开合式桥、溜索桥、三边形拱桥、尖拱桥、圆拱桥、连拱桥、实腹拱桥、坦拱桥、徒拱桥、虹桥、渠道桥、曲桥、纤道桥、十字桥等。同时，古代的建桥匠师考虑到因地制宜,又从单纯交通连接功能演化出来带有其他功能形式的桥梁,如廊桥、风雨桥、栈道、飞阁等。中国的桥梁有很多方面带有明显的地方特色,如江南的拱桥多为两头平坦,中间高拱隆起,使之既产生造型上的弧线美,又利于行舟。同时,结合桥梁兼顾市集。如广东潮州县的湘子桥,这座桥全长500余米,有着"一里长桥一里市"之称,店面栉比,熙熙攘攘,热闹非凡。南方地区广见的廊桥,则更充分反映了一桥多用的特点。南方地区湿润多雨,夏日日照强烈,便修建廊桥,不仅为过往行人提供交通便利,还为人们提供了避风遮雨、躲避炎炎烈日、便于歇息的场所。

堤是沿江河、渠道、湖泊、海岸边或分洪区、围垦区边缘修筑的挡水建筑物,按照堤的位置可分为河(江)堤、湖堤、海堤、渠堤和围堤。堤岸以蜿蜒曲折、延绵不断的线性格局和气势起到了烘托水际的作用。中国古人在水景创造中,常以堤分割大小水面,并与桥相连,形成桥堤相接、此起彼伏的水边动人美景,如杭州西湖的苏堤(图25)。苏堤始建于北宋元祐五年(1090年),由著名诗人、书法家苏轼疏浚西湖,利用浚挖的淤泥构筑而成。苏堤南起南屏山麓,北到栖霞羚下,全长近3千米,平均堤宽36米。与堤相接共建有6座单孔石拱桥,自南而北依次为映波、锁澜、望山、压堤、东(束)浦、跨虹。沿堤栽植杨柳、碧桃、玉兰、樱花、芙蓉、木樨等观赏树木以及花草,一年四季,与湖水掩映,姹紫嫣红,五彩缤纷。苏堤长堤延伸,六桥起伏,各领风骚,游湖观赏视线高低多变,桥头所见。如映波桥垂杨带雨,烟波摇漾;锁澜桥近看小瀛洲,远望保俶塔,近实远虚。走在堤、桥上,湖山胜景万种风情,任人领略。

水边景致相互搭配时,借景是一个重要的造景手法。借景可分为远借、邻借、仰借、俯借、应时而借等。构园无格,借景有因。因此,借景需要明确观赏景致位置,和近景与远景、内景与外景之间的关系。最常用的手法是远借,即利用远山峦、翠林、屋宇等远景作为近景的背景,起到烘托园林内部景致、增加景观空间层次感的作用。例如,颐和园的昆明湖借用远处玉泉山的秀丽轮廓烘托湖水的恬静(图 26)。

图 25　苏堤

图 26　昆明湖借景玉泉山

4. 细节

水景构筑的细节设计主要涉及水上山石、驳岸和水边道路铺装。水上筑山石，山石以块石堆筑为主，突显瘦漏生奇，玲珑安巧。岩、峦、洞、穴等虚实空间穿插，涧、壑、坡多种形式呈现丰富的空间形态。“蹊径盘且长，峰峦秀古，多方景胜，咫尺山林，妙在得乎一人。”（《园冶·掇山》）

临池驳岸多以石块砌筑，粗石用之有方可以起到固岸作用。粗石块因势也可砌筑踏步、通道和平台，创造亲水空间环境（图 27）。

图 27　水边驳岸

水边道路铺装经常以乱石地、子石地和冰裂地石居多（图 28）。传统园林砌路，以小块乱石铺砌的乱石地为多，并可适当构筑一些纹理，坚固而雅致，曲折而不乱。又与周围山石、水体驳岸贯通，形同一体。子石地宜铺于不常走处，大小间砌者佳，不宜在特别近水处铺砌。用材或砖或瓦，嵌成一定的纹案，也可穿插如嵌鹤、鹿等，形态可爱，富于变化。冰裂地砌法似无拘格，多采用青石板冰裂纹，宜大面铺砌于水边山堂、水坡、台端、亭际，用法灵活，可大可小，亦可不规则铺砌。

图 28　水边道路铺装

5. 传统园林水景的优秀案例

（1）大水面核心的北海。北海园林始于辽代，金代扩建为太宁宫。规划布局沿袭我国皇家园林“一池三山”的规制（太液池、蓬莱、方丈、瀛洲）构思布局，形式独特，富有浓厚的幻想意境色彩，有着“仙山琼阁”的美誉。元代以此为中心，将周边湖泊划入皇城，赐名万寿山、太液池。明代向南开拓水面，形成三海的格局。至清乾隆年间，对北海进行大规模的改建，奠定了此后的规模和格局。北海园林是我国现存最悠久、保存最完整的皇家园林之一，距今已有近千年的历史。北海现位于北京市中心，全园占地 69 公顷（其中水面 39 公顷），主要由宽广的湖面和琼华岛以及东岸、北岸景区组成。全园以湖居中，湖边辅以观湖游道。琼华岛是北海的中心，白塔耸立山顶，成为北海的标志物。南面寺院依山势排列，直达山麓岸边的牌坊，遥相呼应北面山顶至山麓。琼华岛上树木苍郁，殿宇栉比，亭台楼阁，错落有致。亭阁楼榭隐现于幽邃的山石之间，穿插交错，富于变化。山下为傍水环岛而建的半圆形游廊，东接倚晴楼，西连分凉阁，曲折巧妙而饶有意趣。环湖垂柳掩映着濠濮间、画舫斋、静心斋、天王殿、快雪堂、九龙壁、五龙亭、小西天等众多著名景点。其格局兼顾帝王宫苑的宏阔气势、富丽堂皇，以及宗教寺院的庄严肃穆和江南私家园林的婉约多姿。水边建廊筑亭，如五龙亭即是古代帝王帝后们垂钓、赏月、休息之处，湖边、湖内观景角度多变，一步一景（图 29、图 30）。

图 29　北海鸟瞰图

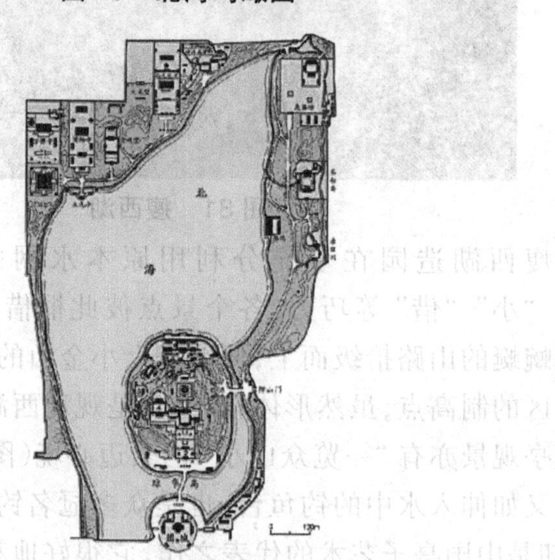

图 30　北海平面图

（2）狭长水面的瘦西湖。瘦西湖位于江苏省扬州市北郊，始建于隋唐时期，至清代康熙、乾隆两代帝王六度“南巡”，形成了“两堤花柳全依水，一路楼台直到山”的盛况。现在瘦西湖面积 100 公顷左右，从乾隆御码头开始，沿湖过冶春、绿杨村、红园、西园曲水，经大虹桥、长堤春柳，至徐园、小金山、钓鱼台、莲性寺、白塔、凫庄、五亭桥等，再向北至蜀岗平山堂、观音山止。有码头、台、堤、桥等形态各异的滨水观景设施，其中尤以大虹桥、五亭桥和二十四桥最为著名。

瘦西湖水面长约 4 千米，宽不及 100 米，其出名便是在于呈“L”形清瘦狭长河道。其名园胜迹散布在曲折的河道两岸，既有自然风景，又有扬州独特风格的人工园林。一泓曲水宛如锦带，水面时放时收，如飘如拂，俨然一幅次第展开的山水风景画长卷，有“湖上蓬莱”之称(图 31)。

图 31　瘦西湖

瘦西湖造园在于充分利用原本水网的特殊地形，借用“瘦”“小”“借”等巧力，各个景点彼此框借，相互掩映。例如，沿着蜿蜒的山路拾级而上，便能登上小金山的风亭。风亭是瘦西湖景区的制高点，虽然形体较小，却是观瘦西湖全景的最佳之处。登风亭观景亦有“一览众山小”的豪迈心境(图 32)。

又如伸入水中的钓鱼台，也是众多冠名钓鱼台当中最小的一座，却是中国亭子艺术的代表之作。它很好地利用了中国园林“框景”做法，站在钓鱼台内，沿北墙的圆洞斜角 60° 仰视，可观五亭桥横卧湖上，湖面波光粼粼。而通过南侧椭圆形洞正好可见巍巍白塔。这一彩一素，一横一卧，真是堪称绝妙。

图 32　风亭

再如极富江南特色的五座风亭，挺拔秀丽如五朵冉冉出水的莲花。

五亭桥桥墩由 12 大块青石砌成，形成厚重有力的“工”字形桥基（图 33）。沉重的桥基上共有着 15 个桥洞，洞洞相连，洞洞相通。借湖水观月，可见洞洞有明月，景象奇妙，堪称一绝。“每当清风月满之时，每洞各衔一月。金色荡漾，众月争辉，莫可名状。”（《扬州画舫录》）

图 33　五亭桥

（3）人工中心小水池的留园。传统文人园林中常常以人工构筑水池为核心，以叠石假山环绕池水，辅以廊、亭、台、榭、楼、阁，构成园林的中心景观。留园位于苏州间门外，始建于明万历21年间（公元1593年），清代进行大规模整修，现在分为东、西、中、北四部分，占地3.3公顷，尤以中部的碧池水景最佳。碧池四周假山和亭台楼榭环绕，西北为假山，上置亭廊，植树木；东南为涵碧山房、清风池馆建筑组群。池中有小岛，曲桥连接两岸，分割东西池面，增加东南建筑群内观景的层次，同时也是观池景的最佳之处（图34）。

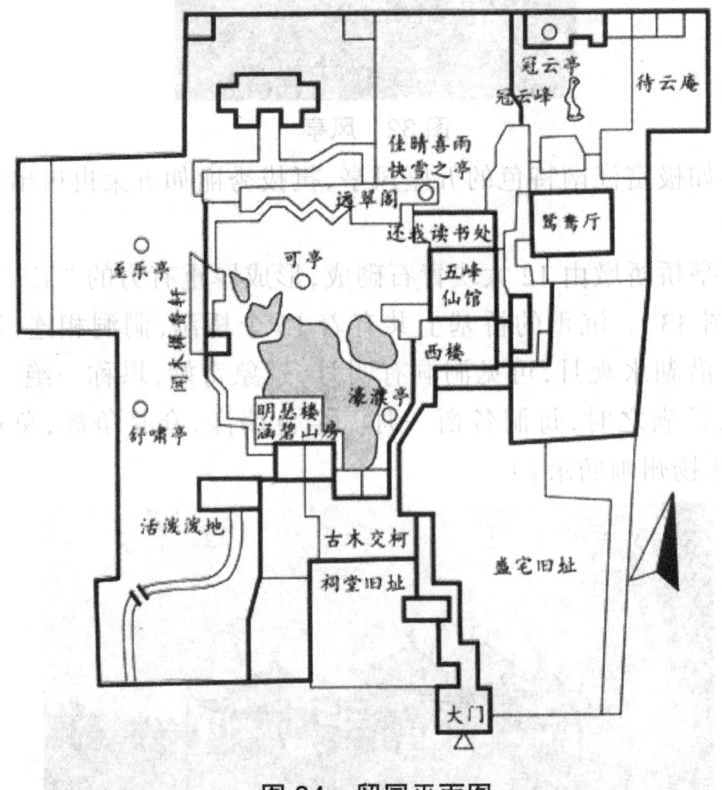

图34　留园平面图

留园处理观池水美景的另一个重要方法便是路径序列。从南部入口入留园，必经过一条深邃幽暗、曲折的长廊。人们步入其中，调整心情，有“欲扬先抑”之功用。临近池水处，豁然开朗，一泓清池，配以山石翠树，令人心旷神怡。

三、水孕育了文明

水是文明之源、生存之本,人类的文明往往依存水而存在。古代城市的选址也往往依傍江河湖海之地。这是因为,人类早期社会为农业社会,而与农业生产最为息息相关的就是水利。水利运用的好坏,决定了农业生产的成果如何。谁掌握了水,谁能更好地治水并利用好水,谁就是天地间最无争议的、合格的领袖。这对于一城郭、一国家、一文明,都是毫无例外的。

与此同时,避水祸也是人们不得不考虑的问题。人类与水相互依存,于是临水而居。但水在某种程度上又会对人类的生存与发展形成一定的威胁。于是,变水害为水利,就成为人们不得不考虑的问题。埃及人之于尼罗河、古巴比伦人之于幼发拉底河和底格里斯河、古印度人之于恒河,其文明之崛起皆归因于化水害为水利的技术和治理大规模河流所凝结的经验与威望。许多王朝的长治久安也往往取决于对大型水利设施的管理与对水患的综合治理。古有"大禹治水",后有李冰建造都江堰,皆是此证明。

所谓"水利万物而不争""水善下而为百谷之王"等儒门"仁山智水"的思想根源,皆源自这种人类与水与生俱来的亲密而抗争的关系。

中国古代人居环境理论中论述最为详尽透彻的,也往往包含着水利、水害、治水三者之关系。典型者如《管子·乘马》《管子·度地》诸篇对于城市选址的论述。《管子·度地》称:"故圣人之处国者,必于不倾之地,而择地形之肥饶者。乡山,左右经水若泽,内为落渠之写,因大川而注焉。乃以其天材、地之所生,利养其人,以育六畜。"并提出"地高则沟之,下则堤之,命之日金城"等观点。管子还提出,凡是营建都城,不把它建立在大山之下,也必须在大河的近旁。高不可近于干旱,以便保证用水的充足,低不可近于水潦,以节省沟堤的修筑。要依靠天然资源,要凭借地势之利。所以,城郭的构筑,不必拘泥于合乎方圆的规矩;道路的铺设,也不必拘泥于平直的准绳。这种视野与理解的深度,与我们今日所倡导的海绵城市理论是如此地契合。

依山傍水,背山面水,既有开阔的视野,又能随时避开洪水的侵袭,历来是我们古代建城市最为理想的环境模式,而这种希望得到完全庇护(山环),又能得到开阔、坦然的生存空间,及其相应的构成模式与审美传统,塑造了我们民族最持久的人居思想和“风水”观念,诸如“艮位为山、巽位出水”等,不一而足。

四、城市的母亲河

鉴于文明与水的密切关系,每个民族都乐于将河流比作母亲,由此有了“母亲河”,如黄河之于中华文明、恒河之于古印度、之称。都可以被视作母亲河。母亲河提供了人类文明早期发展必需的根本,更提供了文明发展的动机。对母亲河的治理决定了一个文明的先进性。发展到了近代,便表现为一条母亲河对城市发展的重要性。

河流不但提供了城市发展的根本,还决定了城市发展的空间模式、经济格局和空间布局。从空间模式来看,中国古代城市一般都是背山面水的。这是因为城市的滨水空间为传统聚居区提供了稳定的水源和肥沃的耕地,同时随着水上交通工具的发展,河流成为物资运输的重要通道,由河流而形成的城市,也成为颇负盛名的大都市,如八水交汇的长安、黄洛水系交汇的洛阳、隋大运河入黄口的汴京(今开封),元代大运河所流经的五大水系也都孕育了中国封建时代最繁华的都市,如海河水系的天津、黄河水系的济南、淮河水系的淮安、长江水系的扬州以及钱塘江畔的运河起点——杭州。

从经济格局来看,中国古代王朝的都市呈现由西向东的趋势,具体表现为西安—洛阳—开封—北京。前期经济中心与政治中心是一体的,到了魏晋以后,就出现了分离的趋势,东南地区逐渐成为供给帝都的经济中心。但到了唐代,由于都城长安靠西,漕运干线需由扬州经淮河、黄河、洛水等河流水系而转往长安。而由于水运经三门峡之险，加之陆路转运的盗抢以及沿途消耗，大部分粮食被消耗在途中。为解决这个问题，中国帝王多次被迫迁都洛阳，这也是洛阳多次作为“陪都”的真正原因。到了北宋，由于都城开封完全脱离了黄河水系，缩短了漕运路线，由此开创了漕运史上运量最高的记录。

河流在城市的空间格局中还起到了重要的决定作用。以苏州城为例，它自宋代以来就一直保持着水陆并行、河街相邻、桥梁棋布的格局以及小桥流水的水乡风情，城市的规划以水系为骨架，形成“水陆相邻、河街平行”的立体交通网络和“双网格”“棋盘形”的滨水城市格局。宋代《平江府图》是我国最早的一张城市地图，图中清楚地显示出由“双网格”“棋盘形”的滨水规划形成的数十个“前街后河”的街坊(图35)。

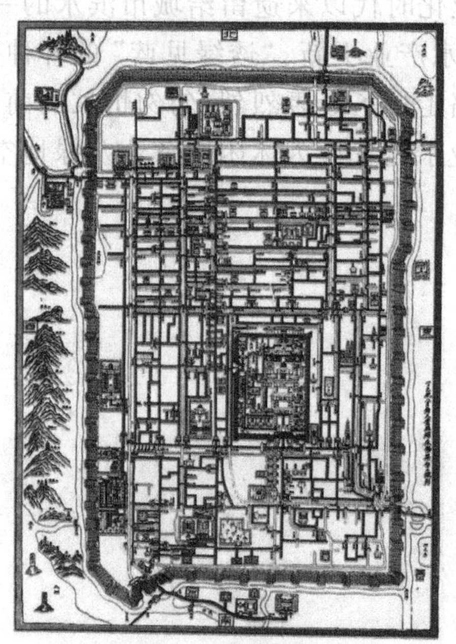

图35 平江府图碑

近代工业化阶段，城市滨水空间为城市带来种种便利，维系城市发展的同时，也使得城市的生态环境逐步恶化，曾经记忆中让人流连忘返的滨水、湿地环境不再，母亲河被散发出恶臭的臭水沟所取代。后工业时代的城市河道走到了前所未有的尴尬境地(图 36)。

图 36　城市水污染

在解决工业化时代以来遗留给城市滨水的一系列问题的过程中,诸如在滨水产业更新、“透绿见蓝”的种种努力之中,我们的滨水改造之路走过了轰轰烈烈、匆匆忙忙的前十年,我们称之为将传统的工业水运置换为休闲服务业及绿地空间开发为主的绿色滨水时代。

第一章 滨水景观与滨水景观设计

自然水体的存在形式通常都是多种自然力量共同作用下的结果,其中主要包括降水量、地表径流,土壤的运动、沉积、沉淀、澄清,水流、波浪以及各种类型的生物作用等。通过这些自然力作用所存在的水体,承载的是河流这一基本的容器。本章主要论述的是滨水景观与滨水景观设计,主要包括四个方面的内容,即滨水景观界定与价值、滨水景观的构成要素、滨水景观设计的理论分析、滨水景观设计的历史演化。

第一节 滨水景观界定与价值

一、滨水景观界定

(一)滨水景观的基本概念

根据河流对人类文明的孕育与发展所起到的重要作用,人类开始对河流进行利用,同时对河流以及两岸的环境进行美化。用人工或者自然符号建立起了一个相对较为典型的具有安全性、自然性、生态性、观赏性、文化性、亲水性的健康河流景观。所以,河流的滨水区域通常都发展成为城市变革、文化发展中十分重要的产物,而滨水景观设计也逐渐发展为河流发展的主旋律。

滨水通常是指水陆交界的边缘,滨水区主要是指构成公共开放空间十分重要的组成部分,属于城市中一个比较特定的空间地段,指的是“与河流、湖泊、海洋毗邻的土地或建筑,城镇临水体的部分”。具体而言就是由城市到水域逐渐发展形成的过渡空间,不仅是陆地的边沿,同时也是水体的边缘,包括一定的水域空间以及和水体相邻近的城市陆地空间,具有自然的山水景观与丰富的历史文化内涵,属于自然生态系统与人工建设系统之间进行相互交融的城市公共的开敞空间。水滨根据其毗邻水体的性质不同,分为河滨、海滨两种形式。

营造滨水景观,就是指充分利用已有的自然资源,包括河床、沙滩、礁石、滩涂以及相应环境之下生长的江苇等湿生植物群落,要尽量进行保护。将人工建造的环境与当地的自然环境很好地融作一体,增强人和自然之间的可达性与亲密性,使自然开放空间对人类、环境的调节作用变得越来越重要,形成一个合理、科学、健康且完美的格局。因此,我们一般可以这样认为,滨水景观属于一系列有关的多种元素和人的关系的综合,它具有一定的秩序、模式与结构,影响与促进人和外界世界以及形态要素间存在的联系作用,使处在其中的人们都可以形成一种基本的认同感,把握并且感知自身的生存状况,从而在心理层面上能够获得一种精神归宿。查尔斯·摩尔说:“滨水地区是一个城市非常珍贵的资源,也是对城市发展富有挑战性的一个机会,它使人们得到逃离拥挤的、压力锅式的城市生活的机会,也是人们在城市生活中获得呼吸清新空气的疆界的机会。”滨水空间是一种非常重要的景观要素,也是人类向往的重要的居住胜境。水的动感、平滑可以使人感到非常的兴奋与平和,水也是人和自然之间情结的重要纽带,是一种富有生机的基本体现。

滨水空间的两个非常重要的特征就是线性特征与边界特征,它们可以让滨水空间发展成为一种城市景观特色最为重要的地段,滨水边界的连续性与可观性往往也都非常的关键,使人过目不忘。对现代城市的滨水景观进行的设计,在整个景观学的各类学科中无疑是综合、复杂的,也是最具有挑战性的一类,由于它所涉及的内容十分广泛,包括陆地与水中的,还有水陆交接处以及濒河(湖)湿地类,与景观场地规划以及生态景观学的关系十分密切,而这两门学科恰好也是现代景观学内容中的十分核心的组成部分。

当前的热点主要集中在建设水陆生态网络,形成一个重要的生物通道,同时满足景观与生态发展的基本要求。滨水环境形成一种非常独特的风格,体现出了城市文化的深厚底蕴。在保存了历史水文化的同时,还应该把现代技术、文化、观念引进到碧水区的规划建设中来,创造出现代社会人们向往的滨水空间环境。现代滨水区已经成为现代城市设计的重要元素,也是城市体验总体的特征形式。

（二）滨水景观设计的基本内涵

开发滨水区域的一个直接产品就是城市环境的面貌得以很大程度地改善,这主要包含的是多个方面的基本内涵:首先就是改善滨水区域水体的生态环境,滨水区通常都是一种非常典型的生态交错带,开发的时候时刻关注的不应仅仅是其表面的繁荣,还应该进一步去考虑生态环境发展的可持续性;其次是提升城市历史文化的发展内涵,充分利用滨水区域的遗留历史建筑,这是一个非常有效的手段;再次是进一步增加公共开放的空间区域,开发滨水区域在本质上来看就是为了进一步提高城市发展的基本素质,公共开放空间的质与量已经成为衡量一个城市素质高低十分重要的指标,滨水区的开发通常都应该十分注意营造出公众共享的绿色开放空间;最后,城市魅力的体现,在很大程度上的一个因素就是优美的城市环境设计,如滨水的城市轮廓线、滨水节点和没有任何阻挡的视线走廊等相关环境。上面我们所提到的很多方面的内涵无不与城市的滨水景观设计密切相关,由此可见,合理地展开滨水景观的设计,对于整个城市景观的品质提升以及市民休闲空间的丰富,都存在着非常大的帮助,如江南水乡古镇周庄的水景以及南京夫子庙的滨水风光(图 1-1,图 1-2)。

图 1-1　周庄的滨水建筑设计

图 1-2　南京夫子庙的滨水环境

城市滨水区的开发建设属于一项十分复杂的综合工程，滨水景观的设计通常都是其中的很小一项，但是其对于整体的滨水环境甚至整个城市的大环境而言，都会产生非常大的影响。所以，越来越多的城市在滨水区建设时都会留出了一块比较充足的空间用在滨水绿带的建设方面。滨水带由于防洪的需要、预留空间大小等的不同，通常会被设计成完全不同的形式，如滨水步行道、公园、广场等，所以在景观的设计方面一定要基于场地的具体情况以及滨水区在城市之中的地位、作用等做出具体的分析，之后再确定其景观的形式，进而再做出深入的设计。

滨水区的景观设计内涵往往都是把滨水区的景观组成要素，包括水体、驳岸、植物、构筑物及各类的景观小品做出梳理与整合，使其可以在满足生态、经济的重要前提之下，提供给人们一种景观优美、满足人们亲水天性的多样开放空间。这其中的一个非常关键的点就在于滨水区的景观要与城市的整体景观保持协调一致，最好还可以发挥出优势，起到画龙点睛的重要作用。

滨水区的景观设计核心内容主要表现在对滨水区的自然要素“人化”的基本过程，通过对滨水区这个中介景观的组织和基本构成，使宏观的城市山水伸入微观的人居环境之中。其中人化在尊重滨水区独特的自然规律基础上，以开发滨水区的景观作为主导，并且还要以其生态效益、经济效益、社会效益为基本的核心，通过滨水区的景观有机地融入到城市的整体景观设计之中，使尊重自然与人的活动都达到统一和谐的境界，如山城重庆的滨水设计，包裹在山水之间，达到了人与环境的和谐(图 1-3)。

图 1-3　重庆滨水城市规划

二、滨水景观的价值

人们对水都有一种与生俱来的亲切感，城市之中的水体象征的是文明和灵性，渲染出的是城市的生机和艺术的典型魅力。它的风韵、气势、清音，可以带给人一种美的感受，引起人们的无限的遐想；它与任何一种自然物相比较而言，都可以更加深刻地显现出人类历史文化典型的内涵与外延。大多数城市不仅起源于滨水区，它的未来发展同样也直接受到水环境的制约。可以这么说，滨水区对城市的生态、景观、文化以及相关的娱乐等方面都起到了积极的作用。

（一）生态价值

城市滨水区通常都是由于自然条件相对较好而发展成了城市的发源地，水陆生态系统之间相互交汇一般都属于这个地区极为明显的生态特征，同时还会受到这两种生态系统发展的共同影响，因此通常都能够体现出比较强的生态敏感性。而且城市滨水区还不同于普通的滨水区，它是受到人工干扰因素比较多的区域，所以也是一个多元的人工生态系统。

“水为万物之源”，作为城市发展的重要命脉，城市滨水区同样也维护着城市生命的延续，不但进一步承载了水体循环、水土保持、贮水调洪、水质涵养、维护大气成分稳定的功能，同时还可以调节温湿度、净化空气、吸尘减噪、改善城市小气候，有效地调节城市之中的生态环境，增加自然环境的容重，促进城市持续健康地发展。以杭州西湖为例，她带给人们的不只是如西施一般的美丽，也如同绿肺一样，对整个城市的生态环境调节起到了很大的改善作用(图 1-4)。在保护生态环境的时候，大力提倡生物的多样性以及可持续发展的理论，对于城市的滨水区保护、合理开发与利用都非常重要。

（二）实用功能价值

滨水区之所以能够发展成为城市主要的发源地，就在于其便捷的灌溉、运输、排涝等现实功能。在中国传统的构成理论中同样也早就有“依山者甚多，亦需有水可通舟楫，而后建”的说法。滨水区对于城市的发展繁荣和不断壮大都具有非常大的促进作用。我国的东部沿海城市之所以能够发展得非常快,除去其他因素与条件之外,其中一项最不容忽视的就是其十分优越的港口优势。从杭州的城市发展进程中来看,京杭大运河对于杭州的城市发展同样也做出了非常积极的贡献,尽管近年来其航运的功能已经逐渐衰退,但是其在历史上的辉煌成就则是不可遗忘的。在城市化的发展进程中,随着现代城市功能的不断转变以及其他交通方式如公路、铁路、航空等的快速发展,使人们对于水路运输的依赖程度也变得更低,但是我们也应该看到它存在着自身的优势,能够肯定的一点就是,其仍然将是城市交通运输系统中十分重要的组成部分,或者也会出现水上公共交通随着滨水景观不断发展改善而被人们逐渐欢迎。

图 1-4 杭州西湖

与此同时,我们也能够切实地感受到,随着现代人们生活水平的不断发展提高,人们对生活品质的追求同样也在不断提高,各项社会活动也正在积极地展开,其中也包括了非常多的滨水以及水上活动项目,如垂钓、滑水、游泳等,这些都是滨水区非常实用的功能价值体现(图 1-5)。

图 1–5　滨水区划水运动

城市水系空间格局，以及水体的水质、水量都能够直接影响城市的生产、生活以及未来的不断发展变化。

（三）历史人文与景观价值

基本上所有的文明都是起源于滨水区域的，如尼罗河流域的古埃及文明、地中海流域的古希腊文明以及黄河流域的中华文明。

城市中的水体主要是以其活跃性与穿透力而发展成为景观组织之中最富生气的元素。城市滨水区通常都属于城市主要的开放空间，与其他的开放空间相比而言，其独具魅力，可以算得上是城市居民最基本的活动空间，是表现现代城市形象十分重要的节点之一，也是外来旅游者可以进行观光活动的重要场所。由此可见，城市的滨水区对营造一个独特魅力的城市景观同样也具有极为重要的作用。从当前世界上最富有吸引力的城市来看，仍然大多数都是滨水城市，如纽约、悉尼、布里斯班、威尼斯、香港、上海等，它们主要是以自身充满活力的生活、工作环境以及日新月异的面貌吸引了世人的目光。在寻求城市发展特色化、个性化、经济化、全球化的现在，对滨水区进行合理地开发与更新，对塑造独具特色的滨水城市形象，都具有非常之重要的景观价值。

第二节　滨水景观的构成要素

一、水体要素

水体就是滨水景观设计的核心元素，不仅是景观设计场所的主要依赖，同时还属于滨水景观设计十分重要的对象。水体主要是指水的集合体，主要是以相对比较稳定的陆地作为边界的天然水域。一般而言，水主要包括下列三种主要的形式。

（一）液态水

液态的水本来是没有固定的形状，其形态往往都是通过地形、岸线、流量、流速、容器以及蓄水器的形状来决定的，具有非常强的可塑性以及可控性。人对液态水所产生的感知一般都是多方面的：有气势恢弘的江、河、湖、海，情趣婉约的溪流、池塘等；有的则是惊涛拍岸、流水潺潺、浪花飞溅、滴水叮咚等听觉形式；还有的则是一些比较清凉的溪流、怡人的温泉、刺骨的江河等很多种比较典型的触觉形式；在生活过程之中饮水的时候，人们往往都会感受到甘甜与苦涩等很多种味觉的形式。通常情况下来看，人对于水的使用经验和视觉印象往往都是液态的水比较多。

（二）气态水

气态的水通常指的是在两种物理条件相互作用之下所形成的水的气态形式，一种比较常见的现象就是水受热之后形成的水蒸气，另外一种就是在受到外力作用时所产生的。气态水通常是很多比较微小的水珠游离于空气之中，以雾状的弥散形式呈现在大家面前的，可控性相对比较差。气态的水一般情况下都会给人带来一种多样性的感受，有水雾的朦胧、七彩斑斓的彩虹等典型的视觉形式；有的是沁人心脾，有的则是潮气袭人，产生典型的嗅觉与触觉感。

（三）固态水

固态水指的是水处于0℃以下的状态，即表现出来的是一种固体状态。在一些相对比较寒冷的区域，水往往都是呈现出视觉形式上的冰。在水形成了冰以后，固体形态往往也会给予后期的处理比较多的可能性，人们也能将其加工成各种各样的形状，如冰雕。因此，冰具有的可塑性与可控性是最强的。固态的水通常也会给人一种多样性的感受，有的是千里冰封，有的是洁白晶莹；有的是寒冷刺骨，有的则是坚硬冷酷。无论处于哪一种状态，主要集中反映在视觉和触觉两种形式上（图1–6）。

图1–6　固态水

自然的变化、季节的循环、文明的发展等都和水存在着十分紧密的关系，在各时期的文明发展进程中都是以不同的方式显现出来的，这些都为在不同的环境中对水景观，包括由于水而发生的各种关系的环境生态设计，提供了更加丰富的题材以及多样的表现形式。

二、护岸要素

护岸属于水域与陆域的交界线，主要是用于河岸以及堤防免于遭到河水冲刷的建筑物。护岸通常分为下列几种形式：垂直式护岸、倾斜式护岸、台阶式护岸、人工沙滨等。

在对护岸进行规划和设计的过程中，一定要重点强调其安全性、便利性、生态性的特征。同时，还应该达到它可以治水的标准，只有把治水的基本功能充分发挥出来，人们才能够在水边安心地游玩。除此之外，还需要进一步保证其具有的亲水性特点，可以比较轻松和便捷地让人们接近水边，甚至可以亲自触摸到水，最大程度地满足现代滨水景观设计的美观性与功能性（图 1–7）。

图 1–7　河道护岸

三、水域植物

水域植物通常是形成滨水区良性生态链的十分重要的资源，也是滨水景观设计中十分重要的目标之一。

在传统的植物造景前提下，除了需要充分注重植物观赏性方面的要求，还需要进一步结合地形的竖向设计，模拟出水系所形成的自然过程典型地貌特征（如河口、滩涂、湿地等），创造出滨水植物所适应的典型地形环境，以便将恢复城市滨水区域生态品质作为典型的目标，综合考虑绿地的植物群落的结构。此外，在滨水生态敏感地区还可以引入天然植被等多个方面的要素,如在合适的地区建设特定的滨水生态保护区,以便能够建立起多种野生生物的栖息地等,建立起一条比较完整的滨水绿色生态廊道(图1-8)。

图 1-8 水域植物

四、滨水区建筑物

滨水区沿岸建筑物在滨水景观中有重要的影响。根据滨水区发展的不同阶段和功能需求,这类建筑物可能提供航运交通使用的建筑物、旅游度假的建筑物、滨水住居的建筑物等;还可以是滨水大道、亲水步道、跨水桥梁、港口与驳岸等,这些都是非常重要的滨水景观因素。不管沿着水岸线建造的建筑物起什么样的作用,都充分提示我们:滨水区就是一个通道,建筑可以从各个方向被看到与靠近。

在临水空间的建筑、街道的布局方面,应该充分注意留出可以快速便捷到达滨水绿带的通道,方便人们前去举办各种活动。此外,还能够把建筑物连接成街区和公共空间,创造出一个有可能发展成为城市一部分的可行性的街区或地区。进而,强调城市规划设计的重要性,也充分考虑到了滨水区的建筑物在开发方面的实质和规模,个体建筑物的高度、密度及外形,机动停车场和建筑外部的连接等。

滨水区的建筑通常在一定程度上起到控制这一区域的景观场所效应倾向，对产生与形成某种滨水景观记忆起重要作用(图1-9)。

图 1-9 滨水区建筑

第三节 滨水景观设计的理论分析

一、滨水环境设计理论发展轨迹

在进行滨水空间景观设计时，首先应当明确水体的基本功能，并结合其他功能需求进行空间环境设计。同时，还应注意不只着眼于水体本身，更应重视推动水体空间环境发展的相邻区域和环境。

工业革命之前，不论在东方还是西方，滨水空间基本处在一种相对原生态的状态下，一部分滨水空间保持着原始的自然景观，另一部分与人们生活联系较为紧密的滨水环境虽经过少许改造，但仍然是人们赖以生存并且繁衍生息的源泉。古今中外，许多城市都依河或滨海而建，这些城市和水体之间达到了一种互相依存的平衡，人与自然得到了和谐(图 1-10)。

图 1-10　工业革命之前的滨水环境

然而,随着18世纪工业革命的开始,机器化大生产席卷全球,滨水空间受到史无前例的巨大影响和改变。工业革命开始后,滨水区域逐渐成为城市中心区、航运、仓储、工业等功能的载体,从而导致滨水空间环境与城市之间的隔离(图 1-11);20世纪50年代以来,随着产业结构的调整,以及经济和现代交通方式的迅速发展,很多原来滨水而建的仓库、航运码头、港口都遭到了废弃,加上水体的污染逐渐变得严重,滨水地区甚至发展成了环境恶劣、臭气熏天的衰落区。

20世纪60年代之后,随着现代全球环境运动不断地高涨以及生态意识得到进一步觉醒,滨水区域的复兴逐渐发展成为环境保护的重要课题,水污染的有关问题也得到了前所未有的重视。

这一时期比较早并且带有强烈影响力的滨水空间设计项目主要有1964年进行的美国巴尔的摩内港开发等(图 1-12);20世纪90年代一直到现在,滨水空间的设计都延续了60年代时期开始的课题,在设计的创新以及对社会文化的历史尊重等多个方面都做出了非常重要的成绩。同时,生态方面的要求同样也变得日益突出。

图 1-11 工业革命之后的滨水环境

图 1-12 美国巴尔的摩港

二、滨水环境研究的前沿课题

自然、社会、经济、历史,一起共同构成了滨水空间的环境系统。

随着现代机构监控技术的不断发展,自然灾害的预防水平也获得了大幅度的发展提高。同时,城市的迅速扩展已经让滨水环境在人们心目中的地位变得更加重要。进入20世纪60年代之后,社会发展的进程得以进一步加快,能源与生态环境同样也遭到了前所未有的破坏。同时,新科学技术与科技手段不断出现,使人们对于改造大自然的信心与决心极大地增加。在这一情况之下,环境问题也获得了重新关注。

随着滨水空间景观设计理论与方法的多元化,滨水环境研究的课题也呈现出多方向发展的趋势,而且各个方向的研究也更为深入。纵观当今国内国际进行滨水环境研究的概况,可总结出以下几个前沿性课题方向。

(一)历史遗迹保护和改造

早在西方的文艺复兴时期,公共空间这一概念就被学者引入到滨水环境中去,很多早期的欧洲城市也都在滨水地带建设起了专门供人们使用的公共空间,如曾经在1607年时建设完成的阿姆斯特丹扩展规划过程中,3条新挖的运河两边排列了城市的住宅,而在住宅与运河之间则种植了榆树,创造出一种非常宜人的滨水散步区(图1-13);19世纪末开始掀起的城市美化运动除了对城市规划和建筑形式上的影响外,对滨水环境也产生了相应的影响(图1-14至图1-16)。

图1-13　滨水散步区

图 1-14　欧洲滨水城市(一)

图 1-15　欧洲滨水城市(二)

图 1-16　欧洲滨水城市(三)

20 世纪初期的水运处于一个发展非常迅速的阶段，工业和仓储用地在这个时期也更多地出现于滨水区空间；20 世纪 50 年代后期，陆路交通方式逐渐取代了水运交通方式，随之产生了大量工业仓储用地遭到废弃的情况；从 20 世纪 60 年代开始，环境意识获得进一步的唤醒，新科学技术和手段也在这一时期出现，使人们对于改造自然的信心和决心进一步增强。在这一基础上，直到现在，环境问题同样也得到人们极大的关注，从而就产生了非常多的生态设计方法，被人们更多地应用于滨水环境的景观设计过程中。同时，与环境运动一样也成功引起了人们关注的一个活动是历史保护运动，环境运动与历史保护运动一起共同促进了滨水区的复兴运动。例如，波士顿历史滨水区的开发、伦敦码头区（Dockland）水岸的复兴等（图 1–17）。

图 1–17　伦敦码头区水岸的修复

（二）进行用地功能重组

自从 20 世纪中期水运交通运输方式逐渐被陆路交通方式所取代以后，滨水区原来存在的大规模工业以及仓储用地逐渐被废弃。在这种情况之下，景观设计师所面临的滨水区景观开发项目的重要前提，便是首先需要进行滨水区的用地功能重组。这也逐渐发展成了滨水环境重要的前沿研究课题之一。

需要注意的一点就是，有很多滨水空间用地功能现在已经转变完成，成为利用一些特定城市事件（也可以称之为“触媒”）来实现的。充分利用城市事件去实现用地功能的重组，已经发展成为滨水区开发的一个非常重要的手段与典型契机。

（三）交通路线组织

随着现代科技的进步，交通得以迅速发展起来，很多滨水地区都成功建立起了更多穿越式高速公路或是城市快速道路，尽管它们的建设在一定程度上很好地缓解了交通压力，增加了交通的便捷性，但是却极大地阻碍了滨水区域和其他有关区域间的相互联系，逐渐发展成为一条非常难以逾越的鸿沟，使空间逐渐变得破碎化，同时还让滨水环境成为了孤立的状态。例如，巴黎雪铁龙公园毗邻塞纳河的西段，二者曾经因为一条沿河的城市铁路被分割开来，但是后来经过道路的修复之后，使得雪铁龙公园与城市之间的关系更为密切（图 1–18）。

图 1–18　雪铁龙公园的线路

由此可见，进行滨水地区的交通线路合理组织，是现在进行滨水空间景观设计一项十分重要的课题。在最近几十年来，它越来越多地受到人们的重视，也是一个正在努力寻求新途径的前沿课题。

（四）场地特征的塑造

在全球一体化的现代社会，城市景观同样也像是生产出来的一样，地方性的典型特色正在逐渐消失。滨水环境的景观设计同样也在趋同化，越来越缺失了独特的地方文化的丰富性与复杂性。

在这种比较严重的情况之下，滨水环境研究的另外一个前沿课题就出现了，即场地特征的塑造。在这个方面不妨学学威尼斯，它之所以能够发展成为现在世界上最具有吸引力的水城之一，其中一个重要原因就是数百年来的传统地方特色得以保持与延续（图 1-19）。如果缺失了这一独特的乡土特色场地特征，威尼斯也就没有这么大的魅力可言了。

图 1-19　威尼斯水城

第四节　滨水景观设计的历史演化

一、滨水景观设计的演变历程

在世界领域的人类居住环境发展进程之中,我们能够非常清晰地看出来,傍水而居往往都是从人类起源之后形成的共同规律,在城市的雏形出现之后,对于环境的选择,滨水场所依旧成为早期城市发展的最佳场所。

我国目前发现的最早城市遗址是殷商时代的商城(今郑州),距今有 3 500 年的历史,其城市的选择就位于金水河、须索河等滨水地域。西方第一批城市产生的时间可以推到公元前 4000 年至公元前前 3000 年,如古埃及王国以白城命名的孟菲斯古城(图 1-20),就是建在了尼罗河三角洲最南端的孟菲斯。

图 1-20　孟菲斯古城遗址

公元前 3000 年,巴比伦城的平面呈矩形,跨越了幼发拉底河的两岸;以"爱琴文明",即迈锡尼文明作为古希腊文明的开端,这类城市的代表是克里特(图 1-21),处于欧、亚、非三大洲十分重要的航线上。

图 1-21　克里特城遗址

公元前 5 世纪，全盛时的雅典和海滨庇拉伊斯城；修建于公元前 4 世纪时的罗马共和时期著名商业港口城市、休养圣地庞贝城（图 1-22），这些都充分体现了在滨水景观设计时所处早期阶段性城市的发展过程。

图 1-22　庞贝古城遗址

随着城市的滨水区域不断得以发展演变，滨水景观的设计同样也伴随着一定时期社会结构、产业动态、经济规模、文化价值以及审美价值的发展变化而出现了相应的不同。

进入后工业时代之后，滨水区域的开发、重建同样也被提到了西方发达国家的议事日程上来。从不同的城市发展角度来看，滨水区的重建以及发展都具有多种多样的类型。

美国在全世界的范围之内，对现代滨水景观规划设计进行的研究和实践都走在前列。经过规划设计的公共滨水区从19世纪后半叶起就已经出现了，以奥姆斯特德设计的波士顿城市公园系统之翡翠项链（图1-23）、芝加哥博览会（1893年，图1-24）及查里斯·艾里沃特设计的麻省若费尔（Revere）海滩保留地（1896年）作为典型的代表。自然主义形式与城市美化运动的艺术理念作为滨水区规划的理论一直被沿用到二战时期。

图1-23 波士顿城市公园系统

图1-24 为芝加哥博览会而建的中途公园

从1960年末期开始,美国展开了一次大范围内的城市滨水区整治工作。1990年之后,滨水区再度发展成为规划设计的主要对象,其中的设计创新、历史特质维护以及公共空间的历史文化价值等,都发展成了其新的重点。

二、滨水景观设计的发展趋势

滨水区域在城市化的不断发展进程之中,其自然的生态优势、核心商业价值、文化娱乐功能等特殊的氛围也被正式确立起来,从东西方的滨水区发展方向看,下列几个发展趋势属于值得人们关注的重点。

(一)滨水景观可持续发展性

从地球本身的生命角度观察,地球的生命主要是凭着水圈的极大热容量以及汽化热才可以很好地保持住适宜在生物生存的相对稳定温度与湿度的,水所拥有的特定稳定性,它不但可以让自然界中绝大部分物质都得到溶解,同时还可以让溶解在水中的物质各自保持其原有的性质,水发展成为生物体内进行新陈代谢的最优良的介质。生物主要是依靠水作为媒介,通过新陈代谢源源不断地和外界物质与能量进行交换,保持生物自身旺盛的生命力。

在对滨水区域的景观进行合理地规划设计时,由于可持续发展的价值趋向已经被放到了一个重要的地位。结合各种各样的管理监控措施,保证滨水区域与滨水景观得以持续的发展(图1-25)。

(二)滨水区域的经济的发展

在中国,从香港特区的尖沙咀与中环的湾仔滨海区得以重新开发建设中,我们能够非常明显地看出来,新建的香港会展中心、尖沙咀星光大道滨水景观走廊等,都更新了香港城市的面貌,使维多利亚海湾的环境形象具有了新的活力(图 1-26)。

图 1-25　滨海城市

图 1-26　香港维多利亚海湾

在亚洲,新加坡从 1980 年以来,将历史建筑保护与地方传统文化保护融入到滨水区域的开发规划设计过程中,如 1987 年修建完成的“船艇码头”商业街项目(1983 ~ 1987 年)已经发展成为一种新型的、富有本土文化特色的商业街(图 1-27)。

图 1-27　新加坡滨水区域的开发

（三）滨水景观提升城市整体形象

滨水景观在规划设计的时候，需要考虑其对于一个城市整体形象提升的重要性，越来越多的政府都开始进一步关注本国的滨水区发展。

现代滨水区景观设计时，充分将城市的文化含量考虑在内，不断加强文化内涵，促进旅游业和商业类型之间的相互交叉融合，加上现代滨水居住环境的开发，使得城市的整体形象得到更大地提升。上海黄浦江两岸的滨水景观规划建设（图 1-28），也昭示着这个东方国际金融中心的形象会得到进一步地巩固并焕发光彩。

图 1-28　上海黄浦江两岸的滨水景观

（四）滨水区功能的多元化发展

滨水区域的功能多元化发展极大地促进了滨水景观设计对象以及相关内容的丰富，也非常有效地增强了滨水区域的综合实力，使原有的单一的滨水区从港口码头、货物商品中转站集散地、简单工业区，逐渐朝着旅游娱乐、商务办公、运动健身、生活住居、公共文化活动等多个方面进行转型。在中国，很多滨水城市的滨水地带，将功能调整和定位当作滨水区的规划建设率先需要完成的工作，结合当地的文化传统与历史，创造出一个全新的滨水功能地区，其中还应包括与市民生活紧密联系在一起的滨水公园、餐饮区，主要包括酒吧、咖啡区、滨水步道、个性化餐饮空间、文化和艺术交流场所等多个功能区，使滨水区域的功能向更加方便、舒适、人性化的方向发展。这也必定会进一步带动城市生存环境的品质改善以及城市民众生活形式的多样化，使其成为一个最富有吸引力的核心区域(图 1-29)。

图 1-29　墨尔本滨水区景观建设

随着市场经济在中国现代社会得以迅猛地发展，城市化发展进程的多样性需求也进一步促使滨水区域的角色发展变得日渐丰富，以休闲、旅游、商业、文化设施为主导进一步吸引本土内外的游客。

第二章 滨水景观设计的总体规划设计

滨水环境与人类任何时期的栖息地都息息相关，是人类生存的基本场所，在人类自然进化和城市的发展过程中，滨水景观已经融入人类的生命结构之中。滨水景观在城市规划设计中十分受重视，滨水景观设计也就自然担当起人类生存环境中滨水区域及相关领域的规划设计、提升生命价值和充实精神世界的重任。本章便从滨水景观设计的程序、原则、方法、形式美、表现等几个方面出发，对滨水景观设计的总体规划设计进行研究。

第一节 滨水景观设计的程序

根据滨水景观设计的规律，其程序应该是从宏观到微观、从整体到局部、从大处到细节，步步深入。具体分为以下几个阶段。

一、进行场地考察与项目咨询

滨水景观的规划设计常常涉及城市的特定区域，比如滨海或滨河流域等这样大的规划范围。进行设计之前，必须确切掌握滨水景观规划设计与城市总体规划的关系，具体的规划文件、规划功能、规划指标等政府相关政策。在与投资方、业主接触时先做初步的沟通和了解，这是滨水景观设计程序中重要的一部分。要从投资方、业主的需要出发，再加上设计者的配合与引导，估算设计费用与签订合约，这是避免日后误解而引发法律诉讼问题的保障。

二、分析资料、设计策划

调查与分析策划是滨水景观规划设计开始的第一个环节，是描述设计中一系列的分析及创造思考过程，使基地尽可能达到预期效果及与多重功能的配合。滨水景观设计可以利用逻辑及系统的工作构架来预想、创造设计结果，有助于确定解决方案能否与设计方案的先决条件配合，如基地、使用者的需求、预算等；利用替选方案可以帮助投资者、业主做最佳的设计决定；设计策划也是对投资者和业主解说设计或对其做说服工作的基本资料。

在此阶段，要将滨水区的外部条件和客观情况资料进行仔细地分析、归纳，得出设计的走向和具体措施。如自然条件应考虑的因素有地形、气象、气候、地质、地势、方位、风向、湿度、土壤等；人文条件有都市、村庄、交通、法规、教育、娱乐、风俗习惯等；环境条件的分析应该考虑基地的建筑造型、给排水设施、通风效果、空间距离、维护管理等因素。设计师在对滨水景观的功能和形式安排有了大概的设想之后，首先要考虑和处理滨水景观与城市规划的关系，如滨水区建筑高低、体量的关系，滨水景观对城市交通的影响，城市规划对滨水景观设计的要求，特别是对滨水景观所应具备各项功能的要求，进行经济估算时所能提供的资金、材料、施工技术和装备等，还有可能影响过程的其他客观因素。

滨水景观实施之前，对于施工中可能存在的问题，要有一个全面的考虑，对于解决的方案要先拟定好，在图纸或文件中对其进行表达。要按照建设任务书，对施工过程中存在的或可能发生的问题，事先做好整体构思，拟订好解决这些问题的方法、方案，将其用图纸和文件表达出来。同时，建立起一个相对合理的设计理念，以利于滨水景观设计主题的实施。

与投资方、业主接触，收集景观设计的资料；制作景观基本平面图；确定景观初步方案、初步设计；进行景观技术设计；制作景观设计施工图和详图。

三、滨水景观初步方案的设计

在设计师对上述情况有了了解之后，就可以进入对滨水景观初步方案的设计阶段。在滨水景观设计的过程中，初步设计方案起着关键的作用。对于滨水景观的合理布局、空间和交通联系合理、滨水景观的艺术效果等具体问题都要在初步设计中进行考虑。不仅要考虑设计所取得的良好效果，还要对其与结构的合理性、技术要求的可行性是否一致进行考虑，应选择坚固耐久、便于施工以及经济合理的结构方式。

四、对施工图进行设计

滨水景观施工图设计，就是工程上所用的一种能够十分准确地表达出滨水景观实体的外形轮廓、大小尺寸、结构构造和材料做法的图样，它是滨水景观施工的依据。滨水景观设计的施工图和详图主要是通过图纸表现，将设计的全部内容表现出来，而工人便据此进行施工。为了使施工人员能对设计师的设计意图有更清楚地了解，设计师需要通过绘制大样的方式，对具体的做法进行说明，施工人员在对具体设计进行了解的同时，要分析设计是否合理，是否能顺利施工。

第二节　滨水景观设计的原则

一、自然生态原则

滨水景观设计中首先要遵循的原则便是自然生态原则。出于对防洪等因素的考虑，过去的城市滨水区常常有着明显的水路分隔，都会筑上高高的驳岸，再加上水体严重污染，这便使得属于生态敏感区域的城市滨水区的水质很差，而其自然与生态更是无从谈起。与自然和谐相处是当今时代的主题,在现在的滨水区景观进行重建的过程中,我们必须遵循景观生态学原理,进行绿色建设、生态建设,从而实现滨水景观的可持续发展(图 2-1)。

图 2-1　波士顿公园滨水景观

二、系统性原则

滨水区景观规划的系统性是至关重要的。我们知道滨水区的形成是一个自然循环和自然地理等多种自然力综合作用的过程,这种过程构成了一个复杂的系统,系统中某一因素的改变都将影响到整体景观面貌的变化。按照生态系统原理建立与之相适应的多功能大系统,恢复自然滨水景观,保护生物多样性,增加滨水景观的异质性,促进自然循环,形成城市的生态廊道。通过建立市区功能系统与滨水区域的空间和视觉廊道,形成双向互动的空间联系,包括道路和绿地系统的延展,交通设施的有机运转,使市民从工作、生活、休闲、娱乐、健身、商务等多种需求在一条有机链上实现。

三、亲水性原则

受现代人文主义极大影响的滨水景观设计更多地考虑了“人与生俱来的亲水特性”。在以往,人们惧怕洪水,因而建造的堤岸总是又高又厚,将人与水远远隔开。而科学技术发展到今天,人们已经能较好地控制水的四季涨落特性,因而亲水性设计成为可能。

亲水性设计主要表现在驳岸的处理以及临水空间的营造等方面,如何让人与水体进行直接的交流,是处理这类景观设计时应着重探讨的。对于亲水性的体现,实现与水的接触固然是一个重要的方面,但同时也要考虑其他的方面,如可以通过视觉、听觉、嗅觉来使人们同样感觉到水的乐趣。亲水性除了要考虑人们与水的亲近,同时也要保证水的质量良好,水边的环境适宜,这样才能让人们更愿意驻足停留。总的来说,对于亲水性设计要综合考虑多个方面的因素,这样才能成为一个好的设计(图 2-2)。

图 2-2 亲水平台

四、开放性原则

作为城市开放空间的城市滨水区,其资源应是全体市民所共同享有的。以往的城市滨水区多是集商业、娱乐、游憩、休闲为一体的公共空间,所以才能一直保持旺盛的活力,并得到不断地发展。所以,在对滨水区进行设计时,要考虑到它的“开放性”原则,重视对公共设施和项目的建设,使空间的公共性和公平性得以更好地实现(图 2-3)。

图 2-3　苏州月光码头商业街

五、文脉延续原则

滨水城市依水而建，滨水区蕴藏着丰富的历史与文化内涵，有着独特的城市空间形态和城市结构，以水为文化基础，产生了许多特殊的民风民情，滨水区大量的古建筑、历史遗迹和风景名胜等增强了城市的魅力（图 2-4）。因此，在进行滨水景观设计时，应考虑对有价值的历史景观进行保护和维新等措施，使其历史特色得到凸显，文化传统得以延续。

图 2-4　扬州瘦西湖滨水空间

第三节　滨水景观设计的方法

一、进行资料收集和勘察工作

景观设计与建筑设计有着不一样的展开基础，在对建筑进行设计时，业主们会先将设计任务书交给建筑师，因为业主们知道自己想要什么样的建筑，所以任务书中的内容一般都很具体详细。而对于景观设计，业主往往对这方面了解得不多，他们不知道应该给设计师提什么要求，也不知道要怎样对景观设计进行开展，所以也不会有具体的任务书给予景观设计师以参考。

在没有工作任务书进行指导的前提下，景观设计师便需要自己给自己设计一个“任务书”。景观设计师在设计任务书之前，必须要时刻告诉自己，对于景观设计师来说，每一次的设计任务都需要考虑两方面的业主要求，一方面是对我们进行委托的人或者单位，另一方面则是自然。因为在景观设计中，必然会对项目周围的自然景观有所涉及，所以这是非常需要设计师关注的一个方面，只有这样，才能从全局出发，对所设计的景观才能有一个整体的把握，这是一名真正的景观设计师必须要具备的能力。

进行资料的收集和勘查工作主要包括以下几个方面。

（一）获取地形图和勘测文件

现代社会的分工，使得景观设计师需要的一些信息可以从其他相关部门中去获得。例如，从规划部门、地理信息部门和勘测公司获得所要设计区域（有必要的话，需比设计区域范围更大）的初步资料，地形图、遥感卫星资料包含了很多的信息，这些资料是该区域地表信息的总汇，哪里有河流，哪里有城市、村庄，哪里有道路，哪里是湖泊、山林，都用专用符号标示，而勘探文件可以使设计师初步了解当地的地质土壤的垂直分布特性及发育状况，地下水的初步情况和一些特殊的地貌信息等。

（二）进行现场勘查

在享用了现代社会分工带来的便利并有了初步的印象后，就需要亲自对现场进行一次勘察工作了。

因为第一步获取的信息虽已构建了一个初步模型，但它毕竟是平面的信息多于立体的信息，而且由于各个部门采集信息的侧重点不同，往往很多信息没有在地形图和勘测资料中反映出来，因而其片面性是显而易见的；同时，以上信息过于强调地形、地貌，对人文、生态和美学信息的提供几乎为零，因此必须亲自去现场调查。

现场的走访、实勘可以建立最直观、最真实的印象，它是立体式的、多方位的，包含了空间的感知、人类活动信息和自然固有信息的交织和碰撞、人文历史的沉淀等，这些信息是极其丰富的。当然，我们也需要借助一些技术工具和手段。一般现场勘察的工具有数码相机、纸笔工具、笔记本电脑、录音笔、指南针、水瓶、植物采集器、场强仪等，特殊项目可能还需要配备其他一些专业设备，如洛阳铲等。

（三）对于其他资料、信息的收集

其他可能对景观设计有用的资料包括当地的风向、水位、水文、有无水工建筑物、有无水利设施、河流年变化情况，当地气候、寒暑变化情况，植被资源（含水生、两栖植被资源，此点很重要），动物资源（含水生高等和低等动物资源，此点也很重要），有无以前其他单位已完成的规划工作资料和调查报告等。

以上这些资料的收集和现场踏勘不可能一步到位，以后在设计过程中还要进行补（现场）踏勘。

不是每个工程都必须完备以上这些资料的，实际操作中依不同工程情况而定。景观设计并不是去建立一个庞大的信息库，如麦克哈格提出的“千层饼”模式,是去收集对我们设计有用的信息资料,这就需要景观设计师的决策。收集资料深入到何种地步的判断与决策本身就是景观设计师的能力体现,是景观设计能力修为高低的一种直接表征。

二、分析特点、筛选和整理信息

一个新的滨水设计项目一定有它不同于以往所设计的类似的滨水景观的特质,因为滨水景观涉及的范围太广,各种条件千差万别,几乎没有雷同的可能性,所以在第一步收集了大量的平面的、立体的、时间维度、能量维度、文化层面、美学层面、生态层面的信息之后,就应该进入分析、筛选、整理阶段了。

所谓筛选,即是将有用的信息留下来,而将一些次要的信息另列一册暂时存放。所谓有用、无用或次要的区分只是相对的,均是以所要设计的这个项目为准绳的,这里就有一个经验判断的问题,有经验的滨水景观设计师能很快从大量信息中挑选出他所要的有用信息,而经验少或水平较低的滨水景观设计师可能需要在进行下一步的构思方案时,再回过头来进行多次挑选。其实这种多次反复正是一个滨水景观设计师的进步所在,随着设计水平的提高,这种反复将会减少。但是不论设计师的水平多高,笔者仍然认为必要的、有限次的反复筛选是一个资深景观设计师所必做的案头工作。“温故(信息、资料)而知新”,同时先期筛选下来的信息也需存放好,下一次回头查资料时,有可能会有一些有用的信息被重新发现。

在筛选的同时要进行必要的分析工作,没有分析,这些信息就是死的,筛选是手段,分析才是目的,分析可以使我们进一步吃透信息的内在涵义,从而为第三步“自然流”的构思打下前期基础。

三、"自然流"方案的构思与起步

在这里提出的构思就是指设计师应"自然而然"地产生本项目的构思，而不是先臆想一个或抄袭一个固有的成功方案来套在本项目中。每一个好的滨水景观方案都应该是极适合当地特质的方案，而不是"国际潮流式"的方案或"目前流行式"的方案。

所以进行艰苦而大量的收集资料、筛选、分析，均可以让设计者深入了解所要开始设计的这片区域的固有属性、特质，知晓这片土地的"前世、今生"，然后谨慎而慎重、自然而不矫情地对这片滨水区域提出专业性的指导建议（即方案构思）。

四、生成与建构方案

在分析、比较的过程中，我们产生了一定的灵感构思火花，接下来我们就要抓住这些思维闪烁点，将初步构思明晰化、明朗化，逐渐真正地形成一个景观方案。方案的形成过程，就如同孕育胎儿一样，其间会有"不适的烦恼和分娩的痛苦"，跨越这些，才能达到方案产生的彼岸。这其中的阻力大致可有以下几种。

（一）业主的喜爱对景观设计的影响

有的业主很开明，自身素质、文化层次也较高，他会充分信任景观设计师，放手让设计师发挥，只是适时地提出一些建议供一起讨论。这种业主是景观设计师最希望遇到的，他的参与会是景观方案产生的助力，而非阻力。但现实社会中，往往这样的业主太少，而大量的则是对景观设计一知半解，却总是提出过多要求的业主，这样的业主会为设计师带来不小的压力，也会阻碍优秀景观设计的产生。

（二）项目的实际情况对景观设计的影响

景观设计师们在实际工作中都有这样的经验，有的项目基础条件、自然条件、水文状况、经济状况等都比较好,这样就比较容易开展工作,也较易出成果。而有时上述这些原始条件却很差,项目的初始场地原来是废弃的矿山、采石场、城市垃圾填埋区等,这些现实条件增加了设计的难度(指规划和工程建设方面),但也可能在一定条件下转化为景观设计成功的取胜处。

(三)时间对景观设计的影响

时间这个因素对最终产生优秀景观设计的阻力主要体现在两个方面。

一是景观设计介入时间太晚。往往是规划做完,甚至部分建筑设计、工程设计已经开始了,才有景观设计师的介入,其实景观设计工作应该早早就介入,而非项目后期。大至规划阶段,景观规划是一种基础规划,应该早于城市规划或与城市规划一并开始;小至某一具体建设开工项目,景观设计应在总图布局阶段就介入,提出可行性理念和初步设计方案。

二是设计时间过短。现实设计中往往业主给的时间太少,而且随着中国城市化进程的加剧和飞速发展,目前的趋势是业主给的设计时间逐年在减少(其他设计工种的时间亦如是)。记得有句话是这么说的:细部产生精品,细节铸就成功。景观设计师的设计素养深厚,设计水平高固然重要,但是也需在一定时间段内,在精敲细磨下才能产生优秀的景观精品来。

(四)景观设计师自身的实际水平对景观设计的影响

正如在餐饮界,给你最好的材料、设备、工作环境,能不能做出最好的饭菜,取决于大厨的能力一样,景观设计亦是如此。

目前,中国景观设计市场上的设计队伍良莠不齐,甚至使得原本大量以改善环境、维护环境为目的的景观工程最终变成了二次环境破坏工程。

这种阻力来自于景观师自身,是属于“心病”,这只能靠景观设计师们努力提升自身设计水平来弥补,要靠整个景观设计界的共同努力,共同提高才能弥补。

所以说,从接手一个景观项目起,到做出一个好的、合理的景观方案为止,这个过程就如同隔水相望彼岸,彼岸灯火阑珊,气象万千,等你伐木为舟而涉河时,又是急流,又是险滩,还有旋涡。费尽心力登“岸”的一刹那,你会有一种莫名的喜悦感和成就感,这是一名设计师的“职业快乐”之一,是非设计人员所不能体会的。一个优秀的景观设计师在设计过程中,就是要善于清除或部分清除这些阻力因素,再将部分阻力因素进行引导、消化或使其存在但消失其障碍性,然后全力设计出好的作品来。

(五)方案的推敲与深化

在运用建构法或在某种“自然流”状态下可得出景观项目的多个初步方案,即景观项目的多解状态。下一步就要进行推敲和深化。此过程一般是在设计团队全体成员之间首先进行,然后是多专家型的内部研讨会。

推敲的结果可能是几个构思的某种融合,也可能是发展了一个最优构思,而另几个构思则是由于这样或那样的较大缺陷而弃之不用,也可能会在讨论的最后冒出一个连“研讨会主持者”都不曾预计到的新想法来。

在推敲阶段,可能需要重复“收集资料”“筛选分析”等工作步骤,进行补勘、补踏、补证工作。

这种推敲过程是项目设计主持者所要进行控制的,因为永远没有最好的方案,只有较合适的方案。

第四节　滨水景观设计的形式美

一、滨水景观的形式美法则

形式美法则可以说是艺术类学科共通的话题,美与不美在人们心理上、情绪上产生某种反应,存在着某种规律。因此,在现实生活中,由于人们所处社会地位、经济条件、教育程度、文化习俗、生活理念以及在所处环境中从小建立的人生观、价值观等的不同而对于美有不同认知,但是在大多数人中间却也总是有着共识的存在。例如,在我们的视觉经验中,高耸的垂直线(摩天大厦)在艺术形式上给人上升、高大、严肃的感受,而水平线(大海)则给人开阔、徐缓、平静等感受。这些心理感受源于人们对生活的观察,最终发现了形式美的基本法则。

然而,构成形式美的物质材料,必须按照一定的组合规律组织起来,人们公认的对形式的审美标准被称为形式美法则,指人类在长期的审美活动中提炼、概括出来的能引起人的审美愉快的形式的共同特征,常有的组合规律有比例、对称、均衡、对比、调和、尺寸、节奏、变化、多样、统一、和谐、虚实、明暗、色彩、肌理等。所有这一切都参加美的创造,有时互相补充,有时互相制约。

(一)比例

指部分与部分或部分与全体之间的数量关系。生活中经常强调形体的各部分比例关系,根据自身活动的方便总结出各种尺度标准。因此,比例是构成设计中一切单位大小以及各单位间编排组合的重要因素。

(二)对称和均衡

这最早发现和运用的美学规律。一方面对称在我们的生活中无处不在，建筑的对称、植物的对称、人类面部器官的对称等，这些都在告诉我们对称的意义。对称自然是一种均衡，它是双边等量、等距离的均衡。另一方面均衡是形式美的重要因素，它来源于自然事物在力的状态下稳定存在的视觉感受，所以均衡是力与量的视觉平衡。在设计中是设计要素在总体配比中的平衡统一，是利用设计要素的虚实、气势、量感等相互呼应和协调的整体效果。

（三）和谐

是艺术魅力的永恒主题，世界上万事万物，尽管形态千变万化，但它们都各自按照一定的规律而存在，整个宇宙就是一个最大的和谐。和谐的广义解释是判断两种以上的要素，或部分与部分的相互关系时，各部分给我们所感觉和意识的是一种整体协调的关系。狭义解释是统一与对比两者之间不是乏味单调或杂乱无章。

（四）节奏和韵律

节奏是指音乐中音响节拍轻重缓急的变化和重复。韵律原指诗歌的声韵和节奏，在构成中单纯的单元组合重复易于单调，由有规律变化的形象或色群间以差比、等比处理排列，使之产生如音乐、诗歌的旋律感。这样作为形式要素的节奏韵律就具有心理意味。

（五）对比和调和

是形式美的最高层次，是多样性统一的两种基本类型。对比是各种对立因素之间的统一。例如，幽静山林与鸟语虫鸣，声音中静与响的对比，更显山林幽深，达到和谐。调和是相近的、非对立因素的统一，形成不太显著的变化。

（六）虚实

景观设计中的虚有虚空之意；实指实景，即客观存在的景物；虚实关系既对立又统一，有强烈的层次感。

（七）色彩

本身是无任何含义的，有的只是人赋予它的。但色彩确实可以在不知不觉间影响人的心理，左右人的情绪，所以就有人给各种色彩都加上特定的含义，如热情奔放的红色、温暖的黄色、永恒博大的蓝色、神秘的紫色以及纯净的白色等。

（八）肌理

是物质材料的纹理、质感。设计中利用某新型材料和新工艺去表达特定的含义，展现艺术观念的语言，容易使审美者拥有广阔的联想空间。

综上所述，在当今社会，美的形式法则越来越成为人们必须掌握的基础知识，而在构成设计的实践上更具有它的重要性。就纯粹的形式美而言，可以不依赖于其他内容而存在，它具有独立的意义。德国哲学家康德称之为自由的美，狄德罗则称之为绝对的美或独立的美，在形式上表现为秩序、和谐等基本的形式美法则，用以满足消费者的审美趣味。

二、滨水景观形式美的运用

景观设计的形式美法则，最主要的是比例尺度和节奏韵律。在具体的建筑手法中，表现为欧洲古典建筑的两大系统——希腊罗马式的古典风格和哥特式的基督教风格，而中国古代建筑中的宫殿庙宇和园林以及其中的屋顶、色彩、假山、装饰等，都有各自不同的特殊构图形式和手法，形成各种不同的法式。

环境空间运用形式美法则包括比例、对称、对比、尺度、虚实、明暗、色彩、质感等一系列手法,对景观的一种纯形式美处理,要求创造出某种富于深层文化意味的情绪氛围,进而表现出一种情趣,一种思想性,富有表情和感染力,以陶冶和震撼人的心灵,如亲切或雄伟、幽雅或壮丽、精致或粗犷,达到渲染某种强烈情感的效果。

在滨水景观设计中,滨水绿地设计最能够体现形式美的法则,这不仅是自然美,而且还是人工美、再创造美。以纯粹的点、线、面、块等几何基本原型为材料,按美的法则通过空间变化如平移、旋转、放射、扩大、混合、切割、错位、扭曲等,还有不同质感材料的组合,来创造出具有特殊美的绿化装饰形象(图 2-5)。

此外,造景中虚与实的处理,包括空间的大小处理、空间的疏朗与密实的处理,空间分隔与节奏感的形成等,其实在环境空间中每个景点(区)的营造,每个景点(区)之间的衔接与过渡,都须注意虚与实的变化。从某种意义上说,空间的变化主要就是虚实之间的变化,这种变化形成一种无声而有韵律的秩序与节奏,让游赏者在不知不觉中感到舒适与惬意。由于景观中出现的亭、榭、廊等建筑主要作用在于点景和观景,而不在于居住与屏蔽,因此其所形成的空间,不是一个密实的围合空间,而是一个开敞或半开敞的虚空间。它们的存在,也让游览者视线通透。而在植物造景中,虚实空间的划分不是绝对的,在这里,虚实具有了某种相对意义。如密林与疏林,前者为实,后者为虚;而在疏林草地景观中,前者却为实,后者为虚;又如高绿篱与矮绿篱比较,前者为实,后者为虚;而矮篱或花卉密植色块与草坪空间比较起来,前者为实,后者为虚。节奏与韵律的充分使用,使景观有紧有松、有主有次,在某种意义上也是虚与实的体现。色彩的强弱,造型的长短,林间的疏密,植株的高低,线条的刚与柔,曲与直,面的方圆,尺寸的大小,交接上的错落与否等组合起来运用。节奏也是一种节拍,是一种波浪式的律动,当形、线、色、块整齐而有条理的同时又重复出现,或富有变化的排列组合时,就可以获得节奏感。

图 2-5　公园中植物种植的高矮搭配形式

滨水景观以开敞空间为主，对于空间色彩的选用不同于室内景观，应做到主色调统一、辅色调统一、场所色统一。滨水空间是旅游者和市民喜好的休闲地域，具有开阔水面和优越环境，那么主题色调应具有明显的指向性和高彩度，与天然城市滨水景观相映生辉。

但是，一味地追求形式美，不考虑人的需要，没有场所性和地方性特色，实际上是对城市形象和地方精神的污染。可见，形式美与内容不能分离，形式美是艺术发展和生存的条件，所谓创新，总是从形式探索上开始的，美感寓于形式之中，没有形式就没有设计。然而，形式美不是轻易能得到的，它来自生活，来自发现，来自创造性的想象。

第五节　滨水景观设计的表现

滨水景观设计构思必须通过视觉传递的方式展现在观者面前才能被理解。视觉传递主要依赖于各种图形，设计的表现正是运用图形技术构思表达的结果。从设计构思到外在的图形以及图解思考过程产生的结果，构成了设计表现的全部内容。滨水景观设计表现的专业技能主要包括专业制图和专业设计的视觉表现。滨水景观设计如同其他专业设计一样，是用设计方法来表现设计意图，这些方法包括绘图、文字描述和模型。

滨水景观设计的表现作为设计师设计理念的具体表达，已越来越受到重视，它成为设计师与投资方、使用者之间沟通构想的有效手段，从概念性的表现，到进行方案实施的专业制图设计，再到滨水景观建成后的宣传策略展示，滨水景观设计效果图有着重要的地位和使用价值。一幅理想的效果图，不仅要能体现设计师良好的设计创意并表现其一定的绘画修养，还需要有滨水景观设计效果图的特殊表现技法以及情感的投入。在使用计算机绘图中，设计者要尽量运用手绘训练中掌握的空间景深塑造、整体色调把握、光影投射、质感表现的技能。设计表现图可以通过立体的图形来表达设计师的设计构想，表现技法的熟练掌握能使之得以有效、准确地表达。设计师进行滨水景观设计项目竞标时，效果图是重要的内容之一。

一、手绘表现

手绘是滨水景观设计中常用，也是十分有效的手法。专业设计的视觉表现技巧较强，要求有较高的艺术素养。专业设计表现技能训练以素描、色彩为基础，以具有一定专业程式化的专业绘画技能掌握为目的。通过对滨水景观设计资料的收集、临摹与整理，用专业绘画的手段绘制透视效果图，表达自己的设计构思，从而可以对专业知识有一个初步的了解，提高专业设计的能力和水平，从专业绘图的角度，加深对空间整体概念以及色彩搭配的理解，提高景观艺术设计方面的修养。

滨水景观艺术是时间和空间的艺术，效果图把四维的时空转换到平面结构中，是景观设计构思和绘画手法结合的艺术形式，其表现方法和形式多种多样，主要有以下几种。

（一）速写与线描法

速写式的表现图生动随意，它最初常常被用来记录设计师某种状态瞬间的心灵感受、创作灵感等思维活动，后来逐渐发展成为一种艺术的表现形式。速写式效果图的特点是简洁明了、富有激情、线条流畅、造型概括简练，给观者留有想象的思维空间，具有很强的启发性和艺术感染力，是较高层次的艺术表现形式。它被广泛地运用于名家手记和设计师的创作草图。但是它的造型表现不详细，形象刻画不甚具体，这也是它区别于其他表现形式的特点所在。它使用的工具和材料非常广泛，几乎任何一种书写、绘画工具和颜料都能适用。

线描法是以线作为主要表现手段，结合马克笔、水彩、水粉等辅助手段而形成的一种表现方法。这种方法在景观设计表现中应用最为普遍，滨水景观设计的表现也是如此。该方法既可以简约到类似速写的程度，也可以精细到很细的细部。在设计方案的推敲、深化和透视等各个环节都使用得极其广泛，深受业界与许多建设方的喜爱(图 2-6，图 2-7)。

（二）绘画与空间构想式

滨水景观设计的绘画式表现手法是借鉴绘画表现手法的优势，形象生动，讲究景观对象的虚实表现、光影的艺术效果，给人以强烈的视觉冲击力，它侧重于设计师深层思想情感的表达，但是景物的形象、色彩、比例感觉不及写实手法表现的那么深入、细致、全面。绘画式表现手法借助了许多绘画的表现手段、方法、技能及技巧，基本上以手工绘制完成。因此，对设计师的艺术修养、造型能力和表现技巧提出了更高的要求。绘制效果图的工具材料十分广泛，一般多采用水彩、水粉颜料以及绘图用的各种彩色水性笔和油性笔等。

图 2-6　滨水景观手绘表现

图 2-7　滨江景观与建筑设计规划手绘表现

空间构想式的表现手法不受时间、空间、视点的限制，以表述形体空间的各种组织、安排意图为目的，是绘画与制图相结合的产物。它可以随意对某个局部空间和视觉形象加以剖析、分解、描述。它直接明了，重点部分刻画详尽、细致，比例、尺度严格，形象、色彩明确，框架结构清楚。整个画面具有绘画的平面审美趣味。这种表现形式可以表达跨时空、多视角的特征，超越了人们对实景和图片要求再现真实的视觉模式。作为设计师向投资方表达对景观总体构想的表现手法，是比较适宜的，它也是景观项目设计在创意构想上延伸与发展的基础。此种表现图往往会让初次接触的大众感觉繁杂和新异,它多用硬质线笔勾线,然后再施以淡彩绘制而成(图 2-8,图 2-9)。

图 2-8　绘画性比较强的表现方法

图 2-9　鸟瞰图手绘表现

滨水景观手绘的表现方法在设计的早中期阶段具有很强的优势。进入方案的施工图和实施阶段则需要计算机的进入才能更有效地配合设计与快速推进项目实施。

二、计算机绘图表现

在滨水景观设计进入正式方案设计时，计算机绘图是相对于手绘图而言的一种高效率、高质量的绘图技术。一般手绘图使用三角板、丁字尺、圆规等简单工具，是一项细致、复杂的工作。具有周期长，不易于修改等缺点。

计算机绘图是计算机图形学的一个分支，它的主要特点是给计算机输入非图形信息，经过计算机的处理，生成图形信息的输出。一个计算机绘图系统可以有不同的组合方式，最简单的是由一台微型计算机加一台绘图机组成。除硬件外，还必须配有各种软件，如操作系统、语言系统、编辑系统、绘图软件和显示软件等。20 世纪 50 年代初，人们根据数控床的原理，用绘图笔代替刀具发明了第一台平板式数控绘图机，随后又发明了滚筒式数控绘图机。同期，国际上发明了阴极射线管，从而使数据可以以图形的方式显示在荧光屏上。此后，由于计算机、图形显示器、光笔、图像数据转换器等设备的生产和发展，以及人们对图形学的理论探讨及应用研究，逐渐形成了一门新兴的学科——计算机图形学。最为常见的计算机绘图类软件如 Photoshop、AutoCAD 和 3DMAX 等。

有许多绘图工作，尤其是设计阶段，不可避免地要进行反复试画和推敲，而产品的不断更新也要求对已定型图纸进行必要的修改。为此，在图形的绘制和显示过程中，需要有观察者的参与，要求系统具有人机对话的交互功能。这样的系统称为动态的计算机绘图。在动态绘图中，观察者根据需要可以控制和干预正在显示的图形，直接在荧光屏上对图形进行修改和增补。该系统目前所使用的人机交互工具有光笔、鼠标器、图形输入板或数字化仪，以及操纵杆、轨迹球等(图 2-10)。

图 2-10　迪拜滨水城市规划

三、三维动画表现

随着滨水景观设计教育与市场运用的进一步扩大,设计表现的手段也越来越丰富。为了使设计意图能够全方位的被业主认识,动画的运用对景观设计的表达是一个新的突破。当然三维动画的制作周期和制作成本也相应增加。但如果将不同的表现手法很好地结合起来运用,就能更好地显示设计的冲击力。

三维动画又称 3D 动画,是近年来随着计算机软、硬件技术的发展而产生的一种新兴技术。三维动画软件在计算机中首先建立一个虚拟的世界,设计师在这个虚拟的三维世界中按照要表现的对象的形状、尺寸建立模型以及场景,再根据要求设定模型的运动轨迹、虚拟摄影机的运动和其他动画参数,最后按要求为模型赋上特定的材质,并打上灯光。当这一切完成后就可以让计算机自动运算,生成最后的画面。三维动画技术模拟真实物体的方式使其成为一个有用的工具。由于其精确性、真实性和无限的可操作性,目前被广泛应用于医学、教育、军事、娱乐等诸多领域。在影视广告制作方面,这项新技术能够给人耳目一新的感觉,因此受到了众多客户的欢迎。三维动画可以用于广告和电影、电视剧的特效制作,如爆炸、烟雾、下雨、光效、特技(撞车、变形、虚幻场景或角色等)、广告产品展示、片头飞字等。三维动画对于表现大场景的滨水景观规划,如城市景观、旅游度假区景观、公共空间景观以及居住区景观,具有单视角无法比拟的效果。它所具有的360° 动态表现,结合音乐和解说,就能够详尽地将设计师的意图全面展示。

四、模型制作

模型是在滨水景观设计已完成的平面图、立面图和剖面图等方案设计之后,根据图纸的尺寸和比例要求、材料使用等放大或缩小而制作的样品。模型的材料选择很多,根据需要选择如纸质模型、玻璃模型、塑料模型、木质模型等。模型制作的使用在城市景观设计、小区景观设计、公园景观设计等规模较大的设计中较为广泛,具有直观、明确、可全方位观察等优势(图 2-11)。

图 2-11　滨江景观模型

五、综合表现

滨水景观设计所涉及的学科类型复杂,包括城市设计、建筑设计、水环境设计、绿化设计、道路系统设计、照明系统设计、市政工程设计、建筑材料以及施工工程等。为了能较完满地将设计实现,采取多种表现手法结合起来使用,使其设计表达既有如传统的相对静态的平面表达方式,也有如动画影像类的动态表现手段,综合各种表现方法而获取最佳效果。

第三章　滨水景观的细部规划设计

滨水空间是重要的生态资源，是亲水、休闲、娱乐的物质景观场所，在城市生态系统中起着不可或缺的作用。滨水区景观以其活跃性和穿透力而成为城市中最具吸引力的景观，因此对滨水景观进行合理地规划有着重要的意义。本章便主要从滨水景观的空间规划、入口设计、道路系统设计、植物种植、环境设施设计、公共艺术设计、色彩设计、灯光设计等几个方面来对滨水景观的细部规划设计进行研究。

第一节　滨水景观的空间规划

一、滨水景观的空间类型

依据水体的走向、形状、尺度的不同，城市滨水区景观可以分为线状空间、带状空间和面状空间三种类型。但这不是唯一的分类方式，有时候一种滨水空间可能有着多种类型，其既可以是线性空间，也可能是带状空间，这要依据划分的标准或者相互间的比较而确定。

（一）线状空间

线状空间的特点是狭长、封闭，有明显的内聚性和方向性。线状空间多建构于窄小的河道上，由建筑群或绿化带形成连续的、较封闭的侧界面，建筑形式统一并富有特色，两岸各式各样，因地制宜的步道、平台、阶地和跨于水上的小桥，整体上给人一种亲切、平稳、流畅的感觉。世界上著名的线状滨水空间典范可谓是意大利的水城威尼斯，它是一座建在落潮后露出的沙滩上的商业城市，运河纵横，两岸商店、旅馆、住宅、饭店相连，景观优美、奇特，因此吸引了世界各地众多的观光客（图 3-1）。我国南方的一些城市由于河道纵横，此类线状空间也较多。

图 3-1 意大利水城威尼斯

（二）带状空间

带状空间的特点是水面较宽阔，连接两岸建筑、绿化等构成的侧界面的空间限定作用较弱，空间开敞。堤岸兼有防洪、道路和景观的多重功能。岸线是城市的风景线和游步道。上海外滩每天汇聚数以万计的游客，观光黄浦江风光和休闲漫步。较大的河流经过城市，沿河流轴向往往形成带状空间（图 3-2）。

（三）面状空间

面状空间的特点是水面宽阔、尺度较大、形状不规则、侧面对空间的限定作用微弱，空间十分开敞。面状空间中水面的背景作用十分突出。

图 3-2 上海黄浦江的带状滨水空间

海滨、湖滨的空间常常表现为面状空间，如厦门市区与鼓浪屿隔海相呼应，使城市空间向海面扩散、延伸，给人以开敞辽阔的感觉（图 3-3）。又如南京玄武湖清澈的湖水和优美的风光为古城南京增添了一份柔美。

图 3-3 厦门鼓浪屿的面状滨水空间

二、滨水景观的空间结构设计

景观空间结构是滨水区景观设计的最终落实点，滨水区景观设计的质量也直接取决于水体与陆地结合的空间环境的品质以及景点与基地空间形态的适应。相应的景观设计是通过对滨水区空间形态的分析，驾驭其空间联系，使各种景观要素与空间结构有机结合，以构筑滨水区最佳的景观空间形态。

在滨水区景观空间结构设计时不能忽略观景点的设计。滨水区临水空间通透开阔，不同的观景点如水边的亲水步道、平台、桥头、滨水建筑物等，都可以供游人欣赏水面景色。

杭州西湖风景名胜区在景观空间结构设计上可以说较为成功，整个景区经过多年的开发和建设，尤其是近几年西湖南线、北线和西线景区的改造，将其以开放式带状公园的形式呈现在世人面前，就如同镶嵌在西湖沿岸的颗颗珍珠，散发柔和、迷人的光彩（图 3-4，图 3-5）。

图 3-4 杭州西湖风光

图 3-5 杭州西湖雷峰塔景观

第二节 滨水景观的入口设计

一、滨水景观园林的入口设计概述

纵观国内外各种各样滨水风景园林的大门入口造型，大部分是开放型或封闭型。开放型大门入口多用雕塑、柱石、自然石、塑石、牌坊或其他构筑物来做大门入口景观；而封闭型大门入口，由于安全管理上需要用大门设施来封闭入口。大门入口有传统园林风格、现代园林风格、自然园林风格、综合式四种造型风格。自然园林风格多采用仿生塑石及自然石造型，包括售票房、收票房、保安值班室等附属设施及花坛等，都规划采用自然式设计风格。千姿百态的大门入口造型，均要求内外广场平面规划布局合理，大门入口主立面朝向城市人流主要来向，采光通风良好，建筑结构紧凑，比例尺度适宜，空间组织合理，与环境和谐协调，体现自然生态景观和地方特色，建筑风格鲜明，起到入口景观标志和导引人流的作用。大门入口力求彰显滨水园林的“水”的特色景观。如长乐南山公园塑石入口，就规划设计“长寿”悬崖瀑布跌水景观；闽西某山庄塑石大门入口，就在入口正面规划设计踏步假石跌水对景；长乐森林公园大门也是用假山跌水为入口对景；扬州瘦西湖大门连廊联系上湖中的方尖亭，把宽阔的湖景纳入大门入口空间景观。

二、滨水景观园林入口的建筑风格

大门入口设计，要根据滨水风景园林的性质、规模、地形环境和园林整体造型基调等各因素，综合考虑大门入口的园林建筑风格，要充分体现时代精神和地方特色。造型立意要新颖，有个性，忌雷同。它不仅要考虑其自身的需要，也要考虑与所在环境的协调。新材料、新结构、新工艺在近代建筑领域中不断涌现，因而滨水风景园林大门入口设计的建筑造型风格，亦应体现出一种富有时代感的清新、明快、简练、大方的格调。

同一景区内，特别是同一游览线上各景点入口的园林建筑风格要统一。园门风格应与公园的性质、内容相一致。有些大门入口以传统风格为主，那园内主要园林建筑风格就应是传统风格，如扬州瘦西湖公园大门入口建筑造型以传统园林风格为主，园内主要建筑风格就是传统园林风格；有些大门入口以自然塑石为主，那园内主要园林建筑风格应是自然风格为主。总之，要顺乎自然，注意单体设计的特色，也要照顾总体的风格统一性与协调性，注意处理个体的变化和总体的协调，可稍求各异其趣。通过大门入口序幕空间后，游人通过园路，可达到赏景的高潮，看到景区内各景点都能结合环境与地形，善于利用地方材料，顺乎自然，在变化中求得协调，建筑风格统一，给游人以景观艺术美的享受。各入口建筑设计主题处理，能切合总体规划题意，充分利用地方典故材料与历史文化背景，形成风格鲜明的大门入口建筑景观，如长乐南山公园入口塑石假山景观(图 3-6)。各入口无论是利用自然山石或人工砌筑均应具有浓郁的乡土气息，粗犷而富有野趣，即使新建的入口或建筑小品亦均循此法，新修旧筑浑然一体，突出了“自然”“古朴”的风格。大门入口设置，要考虑使用上的功能和精神上的需求，避免园林景观风格杂乱无章。

图 3-6　福州长乐南山公园塑石假山入口

滨水风景园林往往通过大门入口处的景观艺术处理，体现出整座园林的特性和建筑艺术的基本风格。所以大门设计既要考虑在建筑群体中的独立性，又要与全园的艺术风格相一致，成功的大门设计必须立意新颖，巧于布局，富有个性。

三、滨水景观园林入口的平面规划

滨水风景园林大门入口的平面构成，主要由大门、对景（假山瀑布跌水水景）、售票房、景窗围墙、外广场、内广场等部分组成。有些开放型自然风格入口，只有入口标志、对景、内外广场，无售票房、景窗围墙等。大门入口位置的选择，首先要便于游人进园，朝向城市人流主要来向。公园大门是城市与园林绿地交通的咽喉，一般城市公园主要入口多位于城市主干道一侧。距城市主干道交叉路口要有 70 米远的间距。较大的园林绿地，还在不同位置的道路设置若干个次要入口，以方便城市各方向游人进园。大门入口规模，根据滨水风景园林绿地的规模、环境、道路及环境容量等因素而定。如何组织游览路线也是考虑大门位置的主要因素。园内道路迂回曲折，优雅小径随势起伏，郁郁葱葱的大门入口绿化环境能提高大门入口景观水平，大门入口是整个滨水风景园林绿地游览路线的主要出入口和景观标志。

滨水风景园林绿地总平面可分为对称式、非对称式和综合式等。大门位置一般与总平面轴线有密切关系，它们的总体布局多具有明显的中轴线，大门的轴线亦多与滨水风景园林绿地轴线相一致，这样从大门进园可予人以庄严、肃穆的感觉。一般游览性滨水风景园林绿地多采取不对称的自由式布局，不强调大门与滨水风景园林绿地主轴线相对应的景观关系，显得比较轻松和活泼。

疏通、控制游人进出，是滨水风景园林绿地大门入口的一项主要任务。主大门要按游客流量计算大门宽度，一般主大门要有四条以上车行道，即 14 米以上宽度，满足进、出各有两条以上车行道的通行条件；次大门要有两条以上车行道，即7米以上宽度，满足进、出各有一条以上车行道的通行条件。公园客流量变异很大，在节假日人流高峰状况下，除了设置一个或多个大门外，尚需设置若干个太平门，以适应在紧急情况下，游人均能迅速疏散和便于急救车、消防车的通行。

四、滨水景观园林入口的比例尺度

滨水风景园林大门需要较大的空间尺度处理，与所在环境和谐协调，大门主体建筑与周围环境在构图上的尺度、比例和主从关系方面都处理得十分恰当，更衬托得大门主体的雄伟壮观。滨水风景园林大门的比例与尺度运用是否恰当，直接影响到景观艺术的效果。适宜合理的比例与尺度，有助于刻画滨水风景园林绿地的景观特性和凸显滨水风景园林绿地的规模。

五、滨水景观园林入口的空间组织

滨水风景园林大门入口处理，不单纯是入口的造型、风格问题，也牵涉入口前后的空间序列与空间组织。大门入口空间处理，包括大门外的广场空间和大门内的序幕空间两大部分。

（一）大门外广场空间

其空间的组织、配置合理，对比强烈，尺度合宜，自然、生动、活泼，环境和谐协调，并富有地方特色和时代感，首先有利于展示大门入口完整而优美的建筑造型景观艺术形象。同时，合理的大门外广场空间组织，也便于人流集散，发挥大门入口导引人流、控制人流的作用。再者，合理的大门外广场空间组织，更便于广场摆花装扮大门入口，形成大门外广场吉祥热烈的节假日气氛。

（二）大门内序幕空间

大门入口内广场，是滨水风景园林总体活动空间序列的序幕空间，可分为装饰性序幕空间、开敞性序幕空间、游览性大门序幕空间等三种。

1. 装饰性序幕空间

进园内后有景墙照壁、假山土丘、瀑布跌水池和大门等所组成的序幕空间。此空间具有缓冲和组织人流的作用。传统的造园手法处理这种空间，可获丰富空间景观变化和增加游览空间序列的效果，也有利用节日期间经过重点的装饰和布置，形成大门内广场热烈的节假日气氛。此种大门内空间装饰性效果很强，故称装饰性序幕空间。

2. 开敞性序幕空间

有些大门内空间的处理，由于某种功能要求和结合园内特殊环境的需要，往往采取纵深较大的开敞性空间。浓荫常绿的细叶榕环抱门内广场，把富有传统园林形大门衬托得异常突出，夸张而开阔。进门后纵深极大的开敞性空间比门前广场更为开阔，故称开敞性序幕空间。如福州西湖公园大门内柳堤，是纵深极大的开敞性空间，因此福州西湖公园大门内空间即是开敞性序幕空间。

3. 游览性大门序幕空间

滨水风景园林大门入口空间规划设计多采用非对称设计手法，以求达到轻松活泼的景观艺术效果。如扬州瘦西湖公园大门入口空间规划设计采用非对称手法，大门位于宽阔的瘦西湖畔，平面规划新颖别致，一侧是陆地的游廊，另一侧是漂浮于湖心的攒尖方亭，中间连以小桥，有浓郁传统园林风格，强烈的地方特色，轻松活泼的艺术效果。游人可进入大门入口内活动空间进行休闲娱乐，拍照留影。此种大门内空间可供休闲娱乐，故称游览性大门序幕空间。

游览性大门入口空间，除采取非对称手法处理外，也有采用对称式的。

第三节　滨水景观的道路系统设计

一、滨水景观的道路系统设计的原则

在城区内外包括步行道、自行车道在内的沿江、河、湖、海、溪流等而修建的道路称之为滨水道路，这些道路为行人提供了方便。水域孕育了人类和人类文化，人类常常容易围绕水聚居，水成为人类发展的重要因素，它是景观设计中不可缺少的构成要素，是景观的骨架、网络。滨水道路往往是人数相对密集而景观要求又较高的路段。滨水道路的设计原则如下。

（一）滨河步行道与自行车道

为使滨河景观具有观赏性，应满足游人能接近水面，进而沿着水边散步的要求。在自行车道路线的设计上，尽量不设小半径的弯道，按景观的观赏性应设置成大弯道或直线道，并且道路应尽量宽些（图 3-7）。在两车道的交汇部位，为避免交通事故，需设置自行车减速路障，方便行人优先通过。还需考虑禁止自行车驶入步行道。在设置停车场时，旁边种植植物，与周围环境取得协调。

河岸线因原有地形高低起伏不平，常遇到一些台地、斜坡、壕沟，可结合地形将车行道与滨河步行道分设在不同的高度上。这样步行者和骑车者不会相互干扰，也相对安全。

图 3–7 滨河自行车道

（二）驳岸的使用

为了保护江、河、湖岸免遭波浪、雨水等冲刷而坍塌，需修建永久性驳岸。驳岸一般多采用坚硬石材或混凝土修建，顶部加砌岸墙或用栏杆围起来，标准高度为 80 ~ 100 厘米，沿河狭窄的地带应在驳岸顶部用高 90 ~ 100 厘米的栏杆围起来，或将驳岸与花池、花境结合起来，便于游人接近水面，欣赏水景，大大提高滨水林荫路的观赏效果（图 3–8）。

图 3–8 自然式驳岸

（三）临近水面的散步道

宽度应不小于5米，并尽可能接近水体。如滨水路绿带较宽时，最好布置成两条滨水路，一条临近干线人行道，便于行人往来，另一条布置在临近水面的地方，路面宽度宜大，给人一种安全感。

水面不宽阔、对岸又无景可观的情况下，滨河路可布置简单一些，在临水布置的道路、岸边可以设置栏杆、园灯、果皮箱、石凳等。道路内侧宜种植树姿优美、观赏价值高的乔灌木，以自然式种植为主，树间布置座椅，供游人休息。在水面宽阔、对岸景色优美的情况下，宜临水设置较宽的绿化带、花坛、草坪、石凳、花架等，在可观赏对岸景点的最佳位置设计一些小型广场或者是有特色的平台，供游人伫立或摄影（图3-9）。水体面积宽阔，水面可以划船。

图3-9　滨水散步道

健康步道是近年来最为流行的足底按摩健身方式。通过行走卵石路上按摩足底穴位既达到健身目的，同时又不失为一个好的景观（图3-10）。

图 3-10 健康步道

二、滨水景观道路系统设计的运用

景观规划中的景观道路，有自由、曲线的方式，也有规则、直线的方式，形成两种不同的景观风格。在路线的设计中，路线特征、方向性、连续性以及路线的韵律与节奏等设计手法的应用，应充分考虑路线与地形及区域景观的协调。

直线线形带有很明确的方向，给人以整齐简洁之感。但直线型道路从视线上看比较单调、呆板，静观时路线缺乏动感。除平坦的地形以外，直线很难与地形协调。因此，直线的应用与设置一定要与地形、地物和道路环境相适应。

曲线线形流畅，具有动感，在曲线道路前方封闭视线形成优美的景色。而且曲线容易配合地形，与地形现状相结合，组合成优美的道路图案。

景观道路并不是对着中轴，两边平行一成不变的，景观道路可以是不对称的。最典型例子是上海的浦东世纪大道，100 米的路幅，中心线向南移了 10 米，北侧人行道宽 44 米，种了 6 排行道树。南侧人行道宽 24 米，种了 2 排行道树；人行道的宽度加起来是车行道的 2 倍多(图 3-11)。

图 3-11　上海浦东世纪大道

景观道路也可以根据功能需要采用变断面的形式。如转折处不同宽狭；坐凳、椅处外延边界；路旁的过路亭；还有道路和小广场相结合等。这样宽狭不一，曲直相济，反倒使道路多变、生动起来，做到一条路上休闲、停留和人行、运动相结合，各得其所（图 3-12）。

图 3-12　威海海滨道路景观

景观道路系统设计的步骤如下。

第一，现场调查与分析。包括人流量的调查与分析，道路性质分析，周边地形、地质、建筑物、自然条件综合分析等。

第二，方案设计。根据上述设计原则和调查分析结果，提出景观道路的初步设计方案。

第三，初步评价景观效果。使道路在平面、横断面、竖向、交叉口等方面达到和谐统一，并制作模型，从不同角度感知模型的景观效果。

第四，绿化、美化。研究道路绿化与景点布局，使道路绿化在树种、树形、布局等方面与周边景观成为一个整体。

第五，附属设施景观设计。对道路硬质景观和相关的建筑提出控制性的设计，包括路灯、路牌、候车亭、小品、雕塑、扶手栏杆等。

第四节 滨水景观植物种植

一、滨水景观植物种植原则

第一，体现植物景观的"生态景观性"和"乡土地域性"。植物配置以自然群落为基础，通过适当的提炼，形成既有生态多样性的植物群落，又能满足人们不同需求的植物景观。乡土地域性体现在使用当地树种和"适地适树"。

第二，陆生与水生植物相结合。滨水环境通常的组成部分包括一部分陆地，也包括一部分水域，相应地，在植物造景上也应当注重陆生与水生植物的结合，体现滨水特点。

第三，速生树种与慢生树种相结合。使植物尽快成林，达到预期的绿化效果。

第四，常绿植物与落叶植物相结合。这样既可形成富有季相变化的植被景观，又能在冬季保持一定的绿量。

第五，普遍基础绿化和主要景点绿化相结合。主要景点区域为重点绿化，其余区域为普遍基础绿化。主要景点绿化与普遍基础绿化结合使得景观主次分明，重点突出。

二、滨水景观植物种植中的乔木

乔木生长对于土层要求较高，一般而言，滨水区乔木栽植的最低土层要求是1.5米。在土层较浅的区域，宜选用浅根系的乔木。乔木的选用对于滨水区而言不但美化了风景，丰富了绿色层次，其遮阴功能也是其他类型植被所不具备的。在滨水散步道等开放空间，必须设置一定数量的乔木，从而保证开放空间的舒适程度和使用率以及景观效果。滨水环境设计中的植物配置较多采用乔木结合功能区的设置方式。

长江以北地区（以北京市为例）滨水景观中的常用乔木有绦柳、毛白杨、加杨、水杉、玉兰、槭树、三角枫、五角枫、悬铃木等（图3–13）。

图3–13　长江以北地区的典型滨水植物景观

长江以南地区（以杭州市为例）滨水景观中的常用乔木有垂柳、桃、香樟、水杉、水松、落羽杉、重阳木、乌桕、无患子、玉兰、广玉兰、槭树、池杉、三角枫、悬铃木等（图3–14）。

图 3-14 长江以南地区的典型滨水植物景观

三、滨水景观植物种植中的灌木及地被植物

灌木和地被植物的应用是整体设计中不可分割的一部分。乔木的体量较大,因而通常被认为是高度上的主体,但其数量却无法与灌木和地被植物相提并论。灌木和地被植物是植物造景中数量的主体。

灌木层构成了植物造景的中间层次,其土层要求一般在0.3 ~ 1.2 米之间。

长江以北地区(以北京市为例)滨水景观中的常用灌木有碧桃、山桃、紫叶李、连翘、迎春、棣棠、蔷薇、紫薇、紫藤、海棠等。

长江以南地区(以杭州市为例)滨水景观中的常用灌木有南天竹、含笑、黄杨、夹竹桃、桂花、八角金盘、杜鹃、西洋凤仙、海桐、扶桑、凤尾兰、一品红、红背桂、月季、蔷薇、八仙花等。

地被层构成了植物造景的最低层次,它包括了一部分植株低矮的灌木和大部分的草本植物,大部分地被类植物的土层要求可低于 30 厘米,我们常说的“草坪”也属于地被类,草对于土层厚度的要求只有 15 ~ 20 厘米。

长江以北地区(以北京市为例)滨水景观中的地被类植物有

紫花地丁、匍枝委陵菜、蛇莓、点地梅、藿香蓟、二月兰、山葡萄、五叶地锦、扶芳藤、麦冬、半支莲、孔雀草、白三叶草、沙地柏、平枝栒子、京八号常春藤、金山绣线菊、金焰绣线菊、细叶美女樱、雏菊、红花酢浆草，以及玉簪类多年生草本植物、萱草类和鸢尾类多年生常绿草本植物。

长江以南地区（以杭州为例）滨水景观中的地被类植物有杜鹃、火棘、大花栀子、吉祥草、扶芳藤、富贵草、薜荔、络石、虎耳草、麦冬、南天竹、十大功劳、常春藤。

除了要注意乔木、灌木和地被植物的搭配运用，在滨水环境景观设计中，水生及湿生植物的运用至关重要。

四、滨水景观植物种植中的水生及湿生植物

部分湿生林植物在前文中已经提及，以下列举常见的水生及湿生植物。这些水生及湿生植物种植南北方地理位置要求不明显，但是在北方种植，冬季的效果很难保证，因此北方的滨水景观植物配置，应当更加注重常绿类植物的栽植和搭配。

漂浮植物包括芡实、莼菜、睡莲、菱、水禾、水鳖、荇菜、中华萍蓬草等。

挺水植物包括香蒲、慈菇、水葱、千屈菜、灯芯草、蓼、芦竹、芦苇、美人蕉、荸荠、茭白、水龙、泽泻、水蜡烛、水仙、欧洲水仙、莎草、海芋、芒、茅、席草、水芹、伞草、细茎针茅、西北利亚鸢尾、石菖蒲、菖蒲、玉带草、砖子苗、蒲苇、斑茅、黄花水龙、慈姑、水生鸢尾、大花萱草、石菖浦等（图 3-15）。

在植物造景中，也应有意识地表现季相效果，适当种植一些变色叶树种。常见的变色叶树种有银杏、乌桕、无患子、三角枫、朴树、苦楝、黄栌、山楂等。

图 3–15　滨水水生植物景观

第五节　滨水景观的环境设施设计

一、滨水景观环境设施设计的原则

在滨水景观设计上，细部的设计对整体形象的影响很大，滨水景观设计中一系列环境设施（有些环境设施就是建筑小品）应精心设计。如果把城市公园和街区中长椅、凳子等搬到滨水空间中，就容易与环境不协调。设计得体的雕塑、建筑、座椅、指示牌等能起到画龙点睛，给滨水环境增色的作用。

滨水空间环境设施的设计可以遵循以下原则。

（一）使用天然材料

河畔原有的石头和岩石，可保持原样作附属设施使用。采用天然的材料（如石材、木材）作一些基础设施，更容易和以自然为基调的河流风光协调一致。

（二）运用统一的设计风格

这一点也同样适用在其他的景观设计中。对环境设施来说，其功能主要是方便人们的使用与带给人美的感受，不能使利用的人感到杂乱。应该在色彩、形态、设计风格方面取得一致，最好具有河流的风格。

（三）对设施有针对性地进行布置

成为地区标志的树、雕塑是人们想看一看的景物，可以在这类地点设置亭子、长椅、指示牌等，供很多人使用。亭子和长椅考虑设置在水面秀美和山峦清秀的地方，能够向周围眺望，获得美丽的风景。

二、滨水景观环境设施中的景观标识设计

景观标识在人们进行景观游览时起到引导、提示及加深印象的作用。好的景观标识设计，不仅设计切题且能给人带来精神愉悦。景观标识因其功能、作用的体现，具有简洁性、提示性、独特性、计划性四个特性。

（一）简洁性

简洁性是景观标识设计中的一个重要原则，整个画面乃至整个设施都应尽可能简洁，设计时要独具匠心，始终坚持在少而精的原则下去冥思苦想，力图给观众留有充分的想象余地。要知道消费者对标识的注意值与画面上信息量的多少成反比。画面形象越繁杂，给观众的感觉越紊乱；画面越单纯，消费者的注意值也就越高。这正是简洁性的有效作用（图 3–16）。

图 3-16　具有简洁性的景观标识

（二）提示性

既然受众是流动着的行人，那么在景观标识设计中就要考虑到受众经过广告的位置、时间。烦琐的画面，行人是不愿意接受的，只有出奇制胜地以简洁的画面和揭示性的形式引起行人注意，才能吸引受众观看景观标识。所以景观标识设计要注重提示性，图文并茂，以图像为主导，文字为辅助，使用文字要简单明快，切忌冗长（图 3-17）。

图 3-17　具有提示性的景点简介景观标识

（三）独特性

景观标识的对象是动态中的行人，行人通过可视的标识形象来接受信息，所以景观标识设计要通盘考虑距离、视角、环境三个因素。常见的景观标识一般为长方形、方形，我们在景观标识设计时要根据具体环境而定，使景观标识外形与背景协调，产生视觉美感。形状不必强求统一，可以多样化，大小也应根据实际空间的大小与环境情况而定。如意大利的路牌不是很大，与其古老的街道相统一，十分协调。景观标识要着重创造良好的注视效果，因为标识成功的基础来自注视的接触效果（3-18）。

图 3-18　造型独特的景观标识

（四）计划性

成功的景观标识必须同其他标识一样有其严密的计划。设计者没有一定的目标和战略，标识的设计便失去了指导方向。所以设计者在进行标识创意时，首先要进行一番市场调查、分析、预测的活动，在此基础上制定出标识的图形、语言、色彩、对象、宣传层面。景观标识会作用于人的意识领域，对现实生活起到潜移默化的作用，因而设计者必须对自己的工作负责，使作品起到积极向上的美育作用。

三、滨水景观环境设置中的景观小品设计

滨水景观小品包括座椅、灯柱、花台、漏窗、花架、宣传栏、景墙、栏杆等,其在满足功能要求的前提下也作为艺术品具有审美价值。由于色彩、质感、肌理、尺度、造型的特点,加之成功布置,可使得空间的趋向、层次更加明确和丰富,色彩更富于变化(图3-19)。

图 3-19　各具特色的海边灯柱

座椅是景观的基本组成部分,具有朴实自然的感觉。木制座椅有很多类型,既有经过简单砍制的粗糙原木凳椅,也有工艺复杂的长椅(图 3-20,图 3-21)。布置座椅要仔细推敲,一般来说在空间亲切宜人,具有良好的视野条件,并且有一定的安全感和防护性的地段设置座椅要比设在大庭广众之下更受欢迎。有些地方由于不可能在广场上摆满座椅,只好在狭窄的道路旁摆了一

排，这种设计是不合理的。可见，设计必须提供辅助座位，如台阶、花池、矮墙等，往往会收到很好的效果。

图 3-20　粗糙的原木座椅

图 3-21　工艺复杂的长椅

凉亭、拱门、小桥、栅栏等，都是园林的重要构景物，对于丰富园林景观，加深庭院层次，烘托主景和点题都起到举足轻重的作用。还有植物支架的设计，可以做成非常稳固的三角架和木桩，上面爬满蔓生蔷薇或藤蔓，形成优美的植物景观。通过漆绘、上釉，或加上金属饰物、木球、风向标等，也可以增加它们的观赏价值。栅栏起到分隔和围合空间的作用，通过巧妙的植物配置，可以使栅栏的感观变得柔和一些（图 3-22）。

图 3-22 栅栏与花卉的巧妙配置

人们向来对水有亲近感，亲水平台也日渐风靡全球。平台可以造得很复杂，有栏杆、有楼梯、有高低层次，甚至有亭子花架。利用木材原木、原色建造大型码头平台、港口主景建筑或水上大型平台，则更能营造出气势恢宏的生态景观(图 3-23)。

图 3-23 亲水平台

小品尺度是在广场大环境下呈现的一定比例关系，是人们经验的对比和心理的度量，以人为标准，如栏杆、座椅等。色彩与光影是创造气氛所必需的。

小品的色彩则是丰富多彩的艺术表现主角，是人们心灵状态的反映。如红色在中国表示吉祥，绿色、蓝色使人感觉轻松(图 3-24)。

图 3-24　不同颜色的景观雕塑小品

小品的造型变化，要统一于广场总体风格，统一而不单调，丰富而不凌乱，有助于广场营造出浓郁的地方气息和文化特色，风格鲜明，统一别致。

细部设计同样很重要，一个景观设计的好坏不仅要看结构，也要看细部，从台阶的尺寸、花池的高矮、雨水口的处理到铺装图案建筑的立体种植方式等都很关键，要反复推敲。

四、滨水景观环境设施中的景观建筑设计

滨水空间中的建筑形式多样、风格多变，形式可以是亭、台、楼、阁、榭、舫、廊柱等，风格可以是中式的，也可以是西式的；可以是古代的，也可以是现代的；可以中西结合，也可以古今结合。但最重要的是要与周围的环境相协调，风格一致。

景观建筑随着技术的发展，材料使用的范围也越来越广。有木质、混凝土、玻璃、钢材等一系列材料的综合运用。木质景观建筑与小品木材是一种自然造园要素，它可以增强庭院的天然感和形式美，而且可以随着时间的推移而产生微妙的自然变化。木材质地较之钢铁、混凝土松软，色彩调和，过一段时间，就会有藻类、

地衣、苔藓附着在上面,并产生绿锈,从而与其木料自身的颜色融合在一起,形成丰富的色彩。如著名设计师查尔斯·摩尔(Charels Moores)在美国波特兰市爱悦广场设计的呈山脊形状的木质休息廊。而钢、玻璃等材料则增加了建筑的现代感,光线照射其上,光影效果显著。钢、玻璃等材料较之木材,造型多变并且不易腐烂、变形、混凝土的建筑富有石质感,施工方便,给人安全感。在进行建筑设计时,遵循因地制宜的原则,运用滨水所在地的特色材料,建造出具有浓郁区域性的建筑(图 3-25)。

图 3-25 美国波特兰市爱悦广场的木质休息廊

第六节 滨水景观的公共艺术设计

一、公共艺术的概念

随着我国城市化步伐的加快,城市的公共艺术建设,如雕塑、壁画等,逐渐被人们所重视,有的已经成为一个城市的标志。

所谓公共艺术,不同于一般艺术,它有公共之限。在现代汉语中,“公共”一词含义明确,即“属于社会的;公有公用的”。按词义,公共艺术指属于社会的、公有公用的艺术,性质有别于挂在私人家里的艺术品,主要指放置在公共场所的艺术作品,如雕塑、绘画等,公共性是公共艺术的前提和灵魂,艺术家在一定的公民意识引导下,以公共文化资源为媒介,在公共环境完成的能够由公众继续参与的艺术作品。这个定义,内含公共艺术的六大审美特性:主体性、社会性、历史性、空间性、开放性、物质性。

公共艺术可以分为三大类:一是根据当地的历史、生活习俗和文脉来塑造作品,用来反映当地文化内涵;二是独立性的艺术品,以此来点缀环境;三是凸显作品与环境的关系,使作品融于环境之中。

当今,公共艺术的发展已成为一个国家或地区城市进程的参照物,发达国家对城市文化的建设极为重视,公共艺术成为国家的标志,向人们展示城市文明程度。对于中国来说,公共艺术仍处于初级阶段,但随着社会的发展,城市的进步,各地文化市场日益活跃,公众参与情绪日益高涨,逐渐成为文化主流。

二、公共艺术中的景观雕塑

近些年来,随着人民生活水平的提高,人们对城市公共环境的要求越来越高,欣赏的品位也在逐步提高。置身于公共空间中的雕塑艺术是最具有大众性的艺术,因为它直接向公众展示,不论是主动参与抑或是被动接受,它们都与公众构成一个共同的公共空间,因而作为一种生活方式融于生活之中。

雕塑,又称为雕刻,是一种立体的艺术形式,由石、木、金属、石膏或甚至在现代艺术中用纸、布等材料来建立、刻画或组装一个立体的艺术品。雕塑具有鲜明的两重性,即传承性和时代性。传承性是指雕塑艺术几千年发展过程中在表现形式、思想内容和风格手法等方面的演变脉络。时代性是指雕塑艺术记录历史的功能,不管何种风格样式、何种艺术手法、何种思想内容的雕塑作品,都不可避免地烙上时代的印记。随着科学技术的发展,雕塑的形式也越来越多。现代雕塑是替公共服务的。通过一种视觉的传达阐述雕塑和城市环境中的特定内涵,城市雕塑是城市公共环境空间中三维的、硬质材料的造型艺术品。

作为环境艺术的雕塑作品,必须强调与环境的协调,包括雕塑的题材、内容、表现风格、雕塑的体量与尺度、色调等。因此,城市雕塑的选题与设计必须结合选址的空间环境特点来完成。主要包括以下几个方面。

(一)广场空间

遵循空间形态整体性原则,设计时主要考虑广场环境的时空连续性、整体与局部、周边建筑的协调和变化等;尺度适配原则,根据广场的功能、规模和主题要求,设计雕塑的尺度;标志性原则,在尺度合理的情况下,雕塑的体量可以相对突出,增强广场的标识性和区位特征(图 3-26)。

图 3-26 西岛鹦鹉螺广场雕塑

(二)绿地空间

主要是布置在道路两侧和绿化分隔带上,要求以装饰性和功能性雕塑为主,小体量、便于观赏,丰富有情趣、多样化,以绿化为主并且少而精。甚至有些雕塑的位置摆放与人在同一水平上,可观赏、可触摸、可游戏,增强人的参与感,要接近人群,便于游人观赏、拍照(图 3-27)。

（三）入口空间

作为大型景观空间的入口，首先，标识性是人们对景观形成的第一印象；其次，尺度适配应结合周围的环境，尽可能选择大中型雕塑；最后，雕塑应布置在可视开阔地带，便于人们发现警觉。

图 3-27　道路旁的雕塑

（四）滨水地带

自由随意的布局，以装饰性和功能性雕塑为主，采用中小型的尺度。

环境雕塑是独立的观赏物，但要与周围的树木、阳光等自然因素相配，所以要最大化地表现空间和环境的长处，而且由于位置的变化使观赏者有不同的感觉，所以野外设置应该以三维特征为前提。而环境雕塑已经成为城市空间中的文化与艺术的重要载体，装饰城市空间，形成视觉焦点，在空间中起到凝缩、维系作用。

对于环境雕塑的发展，我们跳出了以往传统、习惯的那种狭窄的表达范围，不论古代还是近代，雕塑的创造都体现着时代的文化精神，是人类主动的创造行为。现代的环境雕塑以其千姿百态的造型和审美观念的多样性，加之利用现代高科技、新材料的技术加工手段与现代环境意识的紧密结合，给现代生活空间增添了生命的活力和魅力。

三、公共艺术中的景观壁画

壁画作为公众艺术，它有着无穷魅力，它将建筑和装饰融为一体，把“美”融于生活空间，把“义”载入艺术品格。壁画主要是指装饰建筑壁面的画，就是用绘制、雕塑及其他造型手法或工艺手段，在天然或人工壁画上制作的画，分为室内壁画和室外壁画。

壁画艺术用墙面来表现核心内容，它采用多种形式、多种材料、多种装饰手法、多种工艺手段产生各种样式的艺术，它可以是油画、丙烯画、中国画、浮雕，也可以是综合多种材料创造成的形式，壁画的内容丰富多彩，向你诉说某个历史或某个景象。

在现代景观设计中，壁画多以景观文化墙为载体，与周围景观符号结合，反映特定环境的文化底蕴。壁画设计的人本意识，使游人产生认同感，与环境相协调。

四、公共艺术中的景观水景

（一）景观水景概述

水的特性很早就成为营造景观的基本元素之一。中国古代很早就把自然水体引入城市，以营造象征意义的水景。此外，中国传统文化中就有“仁者乐山，智者乐水”之说，并且有“风水之法、得水为上”的说法，《作庭记》上卷第六卷《谴水》记载：应先确定进水之方位。经云，水由东向南再往西流者为顺流，由西向东流者为逆流。故东水西流为常用之法。可见，景观中若没有了水景，就会显得呆板缺少生气，而动静结合、点线面变化、有时加上有人文含义的水景，往往能给人带来美感。

西方水景的设计中，以古伊斯兰园林在庭院中布置十字形喷泉水池为代表，用来象征水、乳、酒、蜜四条河流；欧洲古代城市广场上设置的水景往往是为了衬托水中的雕塑，凡尔赛宫的大型规则水池把巴洛克装饰艺术的丰富性与法国平原广阔平坦的宏伟性完美地组合在一起(图 3-28)。到了 18 世纪,以英国园林为代表的自然风景所追求的是一种如画的、去除了一切不和谐因素的人化的自然景观。

图 3-28　凡尔赛宫的大型规则水池

任何事物的发展,都是有规律的,水的创作也是如此,它不仅是一种科学技术,更是富有民族特色的人文精神,“为有源头活水来”,使得水景艺术多姿多彩。

（二）景观水景的分类

1. 按动静状态分类

(1)动水。动水包括河流、溪涧、瀑布、喷泉、壁泉等(图 3-29,图 3-30)。动态的水景则明快、活泼,多以声为主,形态也十分丰富多样,形声兼备,可以缓解、软化城市中建筑物和硬质景观,增加城市环境的生机,有益于身心健康并满足视觉艺术的需要。

(2)静水。静水主要包括水池、湖沼等(图 3-31)。静态的水景平静、幽深、凝重,其艺术构图常以影为主。静止的水面可以将周围景观映入水中形成倒影,增加景观的层次和美感,给人诗意、轻盈、浮游和幻象的视觉感受。

图 3-29 景观河流

图 3-30 景观瀑布

图 3-31 沼泽景观

2. 按自然和规则程度分类

（1）自然式水景如河流、湖泊、池沼、泉源、溪涧、涌泉、瀑布等。

（2）规则式水景如规则式水池、喷泉、壁泉等。水景中还包括岛、水景附近的道路。岛可分山岛、平岛、池岛。水景附近的道路可分为沿水道路、越水道路（桥、堤）。

在滨水景观中，水景以静态的河流为主体。对于它的设计应着眼于其载体（湖、池）的形式，有源有流，有聚有散，再配以动态的利用，用外在的因素使静水动起来。故静态的水，虽无定向，却能表现出深层次的、细致入微的文化景观。

自然界生态水景的循环过程中有四个基本形态存在：流、落、滞、喷。水景也可以设计为上喷、下落、流动、静止，因此水体被艺术和科学的手法进行精心地改造，更增添了水景的情趣和娱乐效果。高科技的运用，使得水景的结构、造型丰富，形式也越来越多样，有射流喷泉、吸气喷泉、涌泉、雾喷、水幕等。比如雾喷泉能以少量水在大范围空间内造成气雾弥漫的环境，如有灯光或阳光照射时，还可呈现彩虹景象，在夏日人们可以放肆地靠近去享受那份清凉，而不必担心被水稍稍沾湿的衣服（图 3-32）。水幕，是一种目前娱乐性较高的水景（图 3-33），可以在上面放映录像，也可欣赏一些娱乐性节目。还有贴墙而下的，水在经过特殊处理的墙上徐徐而落，水流跳动形成层层白浪，又或银珠飞溅，饶有情趣。水树阵是目前理水设计中以生态功能为主的水景造型，其内容就是以树（含植物）与水体相互交融而构成一定主题的布局方式。树依赖水生存，水以树而丰富多彩。总之，在现代环境中，真正的水景是能以多样的形式、多变的色彩、各异的风格满足人们视觉、听觉、触觉，甚至心理上的等全方位的享受。亲水性是人的本性，所以能够触摸的水景逐渐被人们所重视。

图 3-32 雾喷泉

图 3-33 水幕喷泉

第七节 滨水景观的色彩设计

色彩是滨水景观设计中重要的设计手段之一，也是滨水景观设计中最容易创造气氛和情感的要素，色彩应结合景观的使用性质、功能、所处的气候条件和自然环境、景观周围的建筑环境以及景观本身建筑材料的特点进行整体设计。

一、滨水景观色彩的选用

色彩选用主要受五方面的影响。

一是滨水景观的使用性质、风格、形体及规模影响色彩的选用。规模比较大的滨水景观宜采用明度高、纯度低的色彩,规模比较小的滨水景观的色彩纯度可以高些。明亮的暖色可使景观给人以明快的感觉。滨水景观设计应根据建筑表面材料的原色、质感及其热工状况,充分利用表面材料的本色和表面效果,如可利用建筑材料光面与毛面由于光的反射与阴影等的不同来改变其色彩的明度和饱和度。

二是地区气候条件对滨水景观色彩设计的影响。

三是所在环境对滨水景观色彩设计的影响。

四是建筑材料对滨水景观色彩设计的影响。

五是地方性建筑材料对滨水景观色彩设计的影响。

二、滨水景观中色彩的作用

色彩在滨水景观设计中的作用有以下几个方面。

第一,运用色彩可以加强滨水景观造型的表现力。

第二,运用色彩可以丰富滨水景观空间形态的效果。

第三,运用色彩可以加强滨水景观造型的统一效果。

第四,运用色彩可以完善滨水景观造型。

第五,色彩也是体现城市滨水景观整体风格的要素之一。

无论是滨海城市还是滨河、滨湖城市都是如此。在对滨水历史文化名城保护和现代化滨水城市环境景观设计中,如果色彩处理不当,会破坏滨水景观的统一性。为了使色彩与环境景观相协调,有些国家对城市建筑景观色彩做出限制性规定,甚至规定出某地区建筑群、街道和广场的色彩基调,景观色彩也是可以通过照明来实现的。

第八节 滨水景观的灯光设计

一、灯光的作用

物的形象只有在光的作用下才能被视觉感知。不论是白天还是晚上,不论是自然光还是人工光,世界上的万事万物都在光的作用下让人类感知。如果没有光的作用,我们就不可能觉察到物体的存在。

光对于景观营造有重要的功能和艺术价值。光线能够反射物体、塑造空间,引导人们观察到物体的存在。在夜幕背景下,可以通过光线的明暗对比和色彩对比,吸引人们的视线,烘托环境氛围。同时,可以利用光线的延展性,创造纵深感,营造线、面、体,甚至是三维动感的画面。

二、滨水景观照明的设计原则

滨水景观是公共空间,它是以雕塑、建筑、水体及多种元素,经过艺术处理而创造出来的。通过照明表现滨水景观的美学特征,使其具有自己独特的鲜明形象:层次感清晰、立体感丰富、主导地位突出……所以,照明设备即灯具的配置,其颜色、排列、形态都要细细考虑(图 3–34)。

一般来讲,照明灯具的设计和应用应遵循以下几点。

(一)选择合适的位置

照明灯具一般设在景观绿地的出入口、广场、交通要道,园路两侧及交叉口、台阶、建筑物周围、水景喷泉、雕塑、草坪边缘等处。

（二）照度与环境相协调

根据园林环境地段的不同，灯照度的选择要恰当。如出入口、广场等人流集散处，要求有充分足够的照明强度；而在安静的步行小路则只要求一般照明即可。柔和、轻松的灯光会使园林环境更加宁静舒适，亲切宜人。整个灯光照明上要统一布局，使构成园林中的灯光照度既均匀又有起伏，具有明暗节奏的艺术效果。同时，也要防止出现不适当的阴暗角落。

图 3–34 乌镇小河夜景

（三）照明设备的选择与周围环境的协调

照明设备的颜色选择根据建筑、植物轮廓与背景色来进行选择。注重滨水景观与相邻建筑物的关系和它独特的地位，使其与周边环境如植物、河流等照明效果一致。

（四）注意灯具的比例与尺度

保证有均匀的照度，除了灯具布置的位置要均匀，距离要合理外，灯柱的高度要恰当。

园灯设置的高度与用途有关，一般园灯高度 3 米左右；大量人流活动的空间，园灯高度一般在 4 ~ 6 米；而用于配景的灯其高度应随情况而定。另外,灯柱的高度与灯柱间的水平距离比值要恰当,才能形成均匀的照度。市政园林工程中灯柱高度与灯柱间水平距离的比值一般在 1/12 ~ 1/10。

(五)人的活动与滨水景观空间照明

人是滨水景观利用的主体,景观的评价来自于使用者——人的感受。所以景观的夜间照明要充分满足人们的需要,作为河流空间的人的活动散步、眺望夜景、沿岸吹风可以归纳为三个方面:当人们眺望远方时,要考虑到眺望场所的照明可用间接照明来控制亮度、烘托气氛;当人们在其间散步时,要注意灯光要保持一定的亮度,不要让散步的人有不安全的感觉;在设计时力求照明设计得精细,使散步不感到单调。

三、滨水景观照明的方式

随着经济的发展,照明设施越来越引起人们的广泛关注,园林绿地、广场及景点、景区的照明与道路、建筑物的照明等构成了滨水夜晚一道道亮丽的风景线。

照明通过人工选择的方式,灵活选用照明光源,人们可以看到比白天更好的滨水景观轮廓、道路轴线、景观小品等,即景观的特点和结构可以比白天更清晰。但是需注意一点,滨水景观照明的效果很大程度上依赖于背景的黑暗,若照明没有主次,到处照得如白天一样亮,将使照明效果大打折扣,甚至造成眩光污染。

此外,在考虑表达夜景的效果时,也必须考虑到人们的活动和白天的景色。所以在选择照明工具时,造型要精美,要与环境相协调,要结合环境主题,可以赋予一定的寓意,使其成为富有情趣的园林小品(图 3-35)。

图 3-35　青岛滨水广场景观灯柱

第四章　滨水景观不同类型的景观设计

滨水景观设计是现代景观设计中的一个重要分支，现代滨水景观设计的类型很多，需要根据不同的景观类型对其进行合理、有计划的规划设计。基于此，本章主要论述的就是滨水景观不同类型的景观设计，主要包括滨水景观的自然景观设计、滨水景观的人文景观设计、滨水景观的寓意景观设计三个方面。

第一节　滨水景观的自然景观设计

充分利用自然地理地貌的生态资源，创建一个滨水园林的主要旅游景观，属于现代大规模的畅行欣赏自然原生态审美设计的基本理念。

一、滨水园林自然地理景观

伴随现代交通出行的发展和便捷，人们的旅游的范围在不断扩大，空间视野也在不断地拓展，更多的人希望能够回归到自然并且在其中畅游，接受大自然带来的愉悦，欣赏大自然鬼斧神工之作，满足返璞归真的心理情趣。也就是说，现代人更多的是倾向于欣赏大自然的地理地貌景观。

滨水自然地理地貌风景通常都是在自然历史发展变迁过程中形成的，经过人类的精心设计和开发、加工之后，逐渐形成了一些比较著名的自然地理地貌景观。在滨水园林的环境空间造型之中，有很多地段的自然地理生态风景资源同样都是能够就地取材利用的，充分发掘自然资源的优势，成为滨水园林旅游景观的重要基础。如泰宁的大金湖、漳州的滨海火山地质公园、平潭三十六脚湖、长乐闽江口金刚腿公园等，都是经过开发之后形成的环境优美、造型奇特的滨水景观。

（一）泰宁大金湖滨水景观设计

泰宁大金湖坐落在福建省西北部的绿色林海之中，地处武夷山脉的中段位置，属于福建省母亲河闽江的源头，也属于国家重点风景名胜区、全国重点文物保护单位，该景观的总面积高达492.5 千米 ^{2}。泰宁国家地质公园的主要自然风光是丹霞地貌，自东北往西南分布着上清溪、大金湖、龙王岩、八仙崖四个丹霞地貌，是一处游览观光、休闲度假的良好去处。泰宁建县于公元958 年，向来都被人们誉为“汉唐古镇、两宋名城”，朱熹、李纲、杨时等历史文化名人也都曾到此读书讲学。南宋时期的名相李纲曾经对泰宁赞曰：“泰宁县山水之胜，冠于诸邑”，碧水丹山，钟灵毓秀。千百万年来，大自然依靠自己的鬼斧神工，塑造出了这里的景象，形成了万千十分奇特的丹霞景观，深邃而幽静的峡谷曲流、千奇百怪的峰林石柱、神奇灵秀的丹霞洞穴，形成了“峡谷大观园”“洞穴博物馆”等丹霞极品。根据专家的考证，在全国多达 177 处的国家重点风景名胜区中，属于丹霞地貌风景名胜区只有 30 多处，其中在东南沿海各省之中，面积最大、类型最全、发育最为典型、山水结合最完美的一处，就属泰宁大金湖风景名胜区。它具备了十分典型的独特性、系统性特征，是深刻研究中国东南中生代之后的地质构造、洞穴发育非常典型的地区。这个地区有被人们誉作“天下第一湖山”的金湖，面积达 136 千米 ^{2}，千岩万壑的丹霞地貌和烟波浩渺的湖水交相辉映，赤壁丹霞、方山、尖峰、石柱、石墙、深谷曲流等很多典型的丹霞地貌和湖水景观相互融合，湖中有山、山中有湖，成就了国内十分罕见的水上丹霞奇观。特别是水上观音、甘露悬空寺、天然摩崖等很多典型的景观，堪为天下绝景；还有被称为“天为山欺、水求石放”的上清溪大峡谷。九十九曲、八十八滩蜿蜒在荒无人烟的赤石翠峰之间，奇石异洞，数不胜数。生态景观非常原始的猫儿山、状元岩、金山与九龙潭等风景名胜区，古木参天，物种繁多，保持了其最为原始、最具野趣的自然景观，徜徉在“天然氧吧”之中，有一种返璞归真、身心放松的美感，成为休闲旅游度假的首选之处。

泰宁国家地质公园主要是以“湖”“溪”“潭”“谷”作为四条主要的路线，主要的地质地貌景观中都有峡谷、巷谷、线谷、丹霞洞穴、穿洞、岩槽、石柱、孤峰、石墙、赤壁（图 4-1）、石钟乳、板状断层等。

图 4-1 泰宁丹霞绝壁

“湖”，大金湖距离县城为 8 千米，由于地处金溪的上游地带，富含有沙金而得名。景区的总面积达 136 千米 ^{2}，其中水域的面积是 36 千米 ^{2}，全长为 62 千米（图 4-2）。

“溪”，上清溪主要位于泰宁县的上青乡崇际村，全长为 50 千米，蜿蜒于层峦叠嶂的赤石翠峰间，其中可以用来漂流的河段长为 16.5 千米，可以漂流长达 3.5 小时（图 4-3）。

图 4-2　泰宁金湖峭壁

图 4-3　泰宁县溪水漂流

“潭”,九龙潭由九条来自大山深处的清醇深涧流泉汇聚而得名,景区中的植物种类十分丰富,现有的树种资源多达 300 余种,动物多达 40 多种,森林的覆盖率已经达到 90%以上(图 4-4)。

图 4-4　九龙潭一线天

"谷",金龙谷距离县城 16 千米,面积大约有 2 千米 ^{2},由于好像一条巨龙盘卧,故得此名。该景区位于福建邵武到广东河源的地质断裂带上,是一条距今大约 6 500 万年的裂陷盆地所形成的青年期丹霞地貌峡谷(图 4-5)。

图 4-5　泰宁金龙谷

（二）漳州滨海火山自然景观

位于福建漳州的滨海火山自然风景区，是一种滨水的自然地貌景观旅游场所，也是中国唯一的国家级滨海火山地质地貌景观。它坐落在福建漳州的漳浦县前亭滨海地区，规划面积 100 千米^2，公园之中还保留了非常典型的第三纪中心式火山喷发构造遗迹，经过了风化侵蚀之后的地形地貌形成独特的景观，重点是以南碇岛柱状的玄武岩古火山口、串珠状火山喷气口以及玄武岩的西瓜皮构造这三种非常罕见的世界级地质遗迹作为典型的代表，属于一座天然火山地质博物馆。

公园区中的海上主要分布了两座非常神奇的火山岛，林进屿与南碇岛。林进屿主要是火山岩（玄武岩）堆积组成的一个类似椭圆形的岛屿，有非常奇特的古火山，东北海滩上多达 6 处之多的火山喷气口以及铆钉状一样的气孔柱群，形成了当前我国十分罕见的古火山喷气口。南碇岛是一个类似于椭圆形的岛屿，整个岛屿是由 140 万根巨型的柱状玄武岩石共同组成的，其节理柱是世界滨海火山岛之最，柱高达到了 20 ~ 50 米的海岛崖壁柱体，好像是梳理十分整齐的排排黛丝，从崖顶直插入大海内，雄伟而壮观，可以称得上是世界自然地貌的奇观（图 4-6 至图 4-9）。

图 4-6　漳州滨海古火山口

图 4-7 漳州滨海地质公园林进屿古火山喷气口

图 4-8 漳州滨海地质公园火山岛景观

图 4-9 漳州滨海地质公园火山岛玄武岩节理柱

公园中长达十几千米的海岸线有崎沙湾、江口湾、九后蔡三个非常优质的沙滩，湛蓝的海水和原生态植物构成了如画般的滨海风光。在蓝天、碧海、沙滩、绿林衬托之下，公园内有开卷有益、海誓山盟、莲花金座、地质博物馆、民俗馆等16个景点，是集观光旅游、休闲度假、海上娱乐、寻奇探险、科学研究、科普教育为一体的回归大自然的综合性风景旅游度假区。

2001年3月6日，国土资源部正式批准这个公园列入第一批国家地质公园名单。在2004年时，公园已经建成开发，游客蜂拥而至，盛赞景观奇特，自然景观美丽动人。

（三）长乐金刚腿公园

位于长乐闽江出海口位置的金刚腿滨海公园，其金刚腿实际上就是一种比较典型的自然地貌景观。金刚腿原来是半山上的巨岩延伸至闽江水岸边，形成的一个大条岩，好像是天生的一条金刚大腿。腿弯下是空悬的，好像一座拱桥，脚仿佛穿有靴子，但是有尖翘起，自古以来就被人们称为“金刚腿”。在腿上方的半山岩壁上，有中国海军宿将萨镇冰所题：“金刚濯足”的石刻（图4-10）。在日本的《福州考》一书中，也将金刚腿称作仙人脚。金刚腿与闽江口的五虎礁、南北龟、皇帝井等一起被人们并称作“闽江口七景”。根据历年的水文测定资料显示，金刚腿的靴底标高为4.83米，脚踝的标高为8.42米。而在长达60年的时间内，福州马尾的平均水位标高只有2.76米，最高水位也只有6.48米。历来不管是闽江大水，还是出现海潮大潮，都不会淹过金刚腿的脚踝位置，因此也有“大水淹不到金刚腿”的俗语。已经建成的金刚腿公园，专门在滨水的岸边勒石位置，记述了金刚腿是采石坛口开拓成了公园的事迹简介以及金刚腿的历史自然地貌传说简介等。

在金刚腿公园还有一个比较典型的自然地貌景观，在这个景观之中，金刚腿恰好位于闽江入海口的淡水与海水分界线位置。所以腿股的内外部分，水也会出现咸淡的区别。闽江的上游漂木与浮物，因为海潮的顶托作用，也都在金刚腿的附近水面打转（图4-11）。2002 年，金刚腿公园特地在这个地方开辟了海水、淡水分界碑，以此来体现出金刚腿的海水、淡水自然地理水文景观。

图 4-10 “金刚濯足”石刻

图 4-11 金刚腿

长乐闽江口吴航广场，也属于一处非常典型的滨水自然地貌景观，是为了进一步突出闽江岸边的山岬高地。山岬顶的视野非常宽阔，也是观赏江景非常良好的视点。利用山岬顶的平地建亭与岬顶灯塔之下的山头平台做成了观景的主要平台，能够很轻松地眺望到对岸的马尾罗星塔以及优美的江景，所以不用大动土石方，就可以形成一个非常好的观江景休闲娱乐场所。

（四）平潭三十六脚湖

因为天然海蚀地貌所形成的平潭三十六脚湖，属于福建最大的天然淡水湖景观之一。湖岸的周围都是被海水侵蚀的石景，其岩石奇丽峻峭、千姿百态，海蚀作用所带来的巨洞、悬崖、风动石等多种形式的自然景观，主要分布在湖岸的各个位置，使三十六脚湖形成了一个非常独特的自然地貌景观（图 4-12，图 4-13）。

图 4-12　平潭三十六脚湖的石头景观

图 4-13　平潭三十六脚湖的海蚀景观

二、自然湿地景观

滨水自然湿地景观资源属于又一类滨水自然景观形式，是大自然所赋予的，要进行保护才可以永远利用这一滨水自然湿地景观。自然湿地景观是指在低潮位的时候水深不超过 6 米的水域。自然湿地景观主要有下列三个基本特征。

首先，地表多水，水也是导致湿地形成、发育、演替、消亡或者再生的关键因素。俗语有言，无水不成湿地。其次，水也可以导致土壤的潜育化。最后，受到水的深刻影响，生长有湿生、沼生、沉水或者盐生的多种植物。

（一）日本东京箱根国家公园湿地

日本东京箱根国家公园对箱根自然湿地进行保护开发，基本上保护了自然生态原貌，不改造地貌，按原貌进行保护开发，只有很少的造路建桥工程。自然湿地之中也生长着非常多的珍稀植物种类以及大量的水生、湿生植物，并且还建有湿地植物花卉展览厅。几百万公顷的芦花胜景和湿地景观相互交映，形成了十分特异的旅游风景资源，是一个极为壮观的自然湿地风景区，每年都会吸引大量的游人前去观光旅游（图 4-14，图 4-15）。

图 4-14　日本箱根湿地的芦苇景观

图 4-15　日本箱根湿地的水景观

（二）四川九寨沟湿地

四川九寨沟属于世界级的自然遗产，是世界生物圈重点保护地区，也属于长江水系嘉陵江源头的一条非常著名的支沟。九寨沟的秀美景色主要是由若日朗主沟、查洼支沟、日则支沟三者共同组成的，其实也属于一块异常美丽的原生态自然湿地。蜿蜒 50 千米，分布有 116 个海子，高差大约在几百米之内，构成了梯状的湖群生态湿地种类，有火花海湿地、芦苇海湿地、树正群海自然湿地等很多景观（图 4-16，图 4-17）。

图 4-16　九寨沟火花海湿地

图 4-17 九寨沟芦苇海湿地

我国已经加入了《湿地公约》,也已经列入了国际上比较重要的湿地名录,其中湿地主要包括黑龙江扎龙、吉林向海、海南东寨港、青岛乌岛、江西鄱阳湖、湖南洞庭湖、香港米埔等七处。已经建成的或者还正在兴建的湿地保护区或者湿地公园除了上述所提到的之外,还有北京的汉石桥湿地公园、安徽湿地公园、上海东滩湿地、杭州西溪湿地、江苏射阳湿地等。

三、滨水景观的自然景观设计要点

滨水自然地质地貌风景和湿地园林的设计通常都包括以下几个方面的要点。

一是因地制宜地去选择合理而又比较适宜的游览观光路线,主干路通常都不应该太宽,在 3 ~ 4 米,原则上应该尽可能地不破坏原地貌的生态景观。

二是设计木栈桥的宽度应该以 1.5 ~ 2.5 米为宜,桥面应该充分考虑使用防腐木,更为贴近自然,为了能够进一步预防冬季结冰防滑的情况,还可以覆盖防滑网。

三是在适宜的地点扩宽栈桥发展成为一个合理的观景平台,或者是建设一个小型的风雨亭台,以便能够进行科学研究和观测拍照。

四是景区总体上的规划就是需要尽可能地突出本地区地质、地貌、自然湿地的风景为主。

现在时尚的流行湿地园林景观，是在一个深浅完全不同的水面，用绿化植物造景工程手段，形成自然生态十分活泼、野趣性格非常充足的园林景观。计成曾经在《园冶》一书中指出“虚阁隐桐，清池涵月，洗出千家烟雨，移将四壁图书”，可以形成一个清池涵月的典型景观，就是一幅十分优美的画面。

在过去流行水景园时，大多都属于在公园的某一个景点、居住区的中心花园、街头公共绿地、宾馆的中心花园景观或者屋顶花园、展览温室之中修建水景园；往往也多为建假山跌水的山水园或者是瀑布喷泉、跌水水景池。池子大多使用现浇的钢筋混凝土制做而成，同时使用卵石、花岗岩板或者自然山石、仿竹桩对驳岸的水池加以修饰。

而现在大力提倡的湿地沼泽园林景观设计，可以依据水深的选择不同，扩大规模和面积，进行湿地的园林工程，这些都可以达到现代湿地园林景观的良好效果。在国内外很多园林中，比较常见大型或者相对较为独立的沼泽园，现在我国各地也正在大力提倡在自然沼泽湿地之中修建自然湿地园林。

建设自然湿地园林的时候，通常而言，应建入口的景观标志、自然园路、栈桥步行道、观景平台，以及少量亭廊，以便出现恶劣风雨天气的时候避风遮雨，也会有数量较少的景观小品。湿地保持自然生态原貌。大型的湿地通常还会建造一定面积的观景平台，可以供游人休闲娱乐、拍照留影以及方便开展科学考察活动，如观察候鸟活动，搜寻珍稀禽鸟类踪迹等。

小型的沼泽通常都与水景园相互结合在一起，是水池重要的延伸部分。具有沼泽部分的水景园，可以进一步增添美丽的沼生植物，并且还可以创造出花草徐徐，富有充足的情趣景观。自然式的水景园，则与之相连的沼泽园也是十分自然的。水景园的中央水是最深处，慢慢向外变浅，最后则由浅水到湿土，为各种水生、湿生植物创造良好的湿地条件。

整形式的水景园往往都会配上一些整形式的沼泽园，如水景园通常都会采用衬池的结构设计，将池衬加大，二者共用，只不过水景园的水比较深，而沼泽园的水相对较浅。两园之间使用砖或者石料干砌成一堵透水墙，渗水往往都不能出现渗土。沼泽园底部往往也需要填上卵石，再在上面铺上一些粗泥炭土和黏土混合的种植介质，最上面则会覆盖一层石砾。水能够从水景园通过渗墙之后流入沼泽园土中，保持基质湿度，而多余的水又从根部排到了水景园之中。透水墙则是因为不能进行渗土，所以可以保持水景园池水变得更为洁净。

普通类型的水生花卉种植，往往都会种植在湿地的沼泽园中，有时还会用于香蒲、千屈菜、菖蒲及球根类的植物之中，如慈姑、荸荠等，都属于多年生的植物。在华南、江南等一些地区，通常都是数年才分栽一次，而雨久花、芡实、荇菜等一年水生花卉则能够加以直播繁衍。凤眼莲因为繁殖的速度比较快，可以造成泛滥成灾的情况，尽可能少使用。有些水生的花卉非常难以固定下来，会随水流漂动，也会影响景观的效果，可以集束绑扎到一起，并且固定在石块或者水泥块上，之后则定植于想要摆放的位置，使其根系能够扎在池中的土壤中，叶片也可以很好地浮起来。

通常水际植物大多生长于湿土或者水深约为15厘米的浅水之中，能够直接种在水景园的中心土中，也能够直接种在水景园的边缘土位置，或者是种在水池中面积比较小的种植台或者种植器之中，沼生的植物都能够直接种在沼泽湿地园的土中。

有一些繁殖非常快的水生植物，为了防止其蔓延到整个水面之中，可使用如缸、塑料盆、篮子或者带孔的塑料种植箱进行种植，根据要求沉于预定的设计区域。

小型沼泽水景园在建造上有沉池、台池之分。沉池水浅池平，亲水感强；台池本身是景点的突出，吸引人们的视线。所用水池种类如下。

第一，盆池。是一种最古老且投资最少的水池，适宜于屋顶花园或小庭院。盆池在我国早已被应用，种植单独观赏的植物，如碗莲、千屈菜等,也可兼赏水中鱼虫。其常置于阳台、天井或室内阳面窗台。木桶、瓷缸都可作为盆池,甚至只要能盛30厘米水深的容器都可作为一个小盆池。

第二,预制水池。预制水池是随着现代工艺和材料发展而出现的。它比较昂贵,但使用方便。一般预制水池的材料是玻璃纤维或工程塑料。这种水池形状各异,可供种植各种水际植物。有了预制水池后,只需在地面挖一个与其外形、大小相似的穴,去掉石块等尖锐物,再用湿的泥炭或砂土铺底,将水池水平填入即可。这种水池便于移动,养护简单,使用寿命长。据报道,用玻璃纤维制作的预制水池,如养护得好可使用数十年。缺点是体量有一定的限制,由于按模式成批生产,不能自行随地形设计水池外形。

第三,池衬池。由一种衬物制成,其体量及外形的限制较小,可以自行设计。所用的衬物以耐用、柔软、具有伸缩性、能适合各种形状者为佳。大多由聚乙烯、聚氯乙烯、尼龙织物与聚乙烯压成的薄片以及丁基橡胶制成。

做衬池前先设计形状,放线,开挖。为适合不同水生、水际植物的种植深度,池底宜以深浅不同的台阶状为宜。挖后要仔细剔出池底、池壁上突出的尖硬物体,再铺数厘米厚的湿沙,以防损坏衬池。用具有伸缩性的池衬铺设时,周围可先用重物压住,然后注入水,借助水的重量,使池衬平滑地铺于池底各层上。最后,在池周围用砖或混凝土预制块砌一周边,固定池衬,再把露在外面多余部分沿边整齐地剪掉即可。若要自然式周边,可选用自然山石驳岸。

各种衬物的缺点不一,聚氯乙烯和丁基橡胶的价格比聚乙烯要贵好几倍,但寿命也长得多。聚乙烯在水位以上部分易受紫外光的照射而降低其寿命,别的种类对紫外光抗性都较强,可使用多年。池衬可以有各种颜色。灰色、黑色及各种自然色都可应用。但是蓝色,尤其是浅蓝色应避免使用,其在水下部分藻类易于附着生长。

池衬最忌被刺破、割破。丁基橡胶和聚氯乙烯可修补,而聚乙烯很难修补。池衬一般可用 4 ~ 5 年。质量好且保养好,可用 10 年左右。

第四,混凝土池。混凝土池最常见,也最耐用。可按设计要求做成各种形状,各种颜色。施工时,将水泥、砂按比例与适当的防水剂混合后加水拌匀备用。对于自然式有一定坡度的池壁,先在池底现浇 10 厘米厚的 C20 混凝土层,然后加钢筋网,再现浇一层 6 厘米厚的混凝土,把表面抹光滑。对于坡度大或垂直池壁的整形式水池,应在砌池壁时用模板。直线的池壁,用木板或硬质纤维板即可。曲线的池壁,需用胶合板或其他强度合适的材料,弯成所需形状后再用。为了防止木板上粘住混凝土,可在其内侧涂上油脂或肥皂水等。如池壁要上色,应在最后一层现浇混凝土中放入颜料。颜料需在干混拌料时加入,红色常用铁氧化物;深绿色的用铬氧化物;蓝色的为钴蓝;黑色的用锰黑;白色的为白水泥。为使池面光滑,无裂缝,宜慢慢干燥,故要用湿麻袋等物覆盖,保持湿润,不断喷水,保持 5 ~ 6 天后即成。由于新的混凝土池含有大量的碱,可在池中放满水,加些高锰酸钾或醋酸中和,经 7 ~ 10 天后将水排出。

第五,临时水池为了布置节日园林景观,或展览会展示园林景观或其他需要,常要设计临时水池。这种临时水池可用现有市场销售的彩色塑料布(厚 1ram 的防水抗撕裂性较好)为面层材料,底层再用一层土工布防渗漏,增加其抗渗漏的性能。水池可按设计砌成各种自然形态,池边可堆砌各种假山,配植各种花木,以形成自然优美的景观效果。

第二节 滨水景观的人文景观设计

结合一些滨水景观的地形进行改造,充分发掘和利用当地一些历史悠久的文化积淀,形成独特的滨水历史人文景观,是滨水绿地空间设计的又一个创意性理念。

因为滨水地带取水和获取食物比较方便，交通运输也相对较为方便，于是先人们就首先选择滨水而居，滨水发展。世界上的大多数民族和城市的发展都是滨水而建的，并在此基础上逐步发展起来，所以滨水地带成为人类生息繁衍的重要发源地，进而给现代社会留下了十分悠久的发展历史和人文景观资源。因为历史和地理环境之间存在差异的原因，人类的历史文化发展往往都是各不相同的，所以各地的滨水园林历史人文景观资源的形成也各具特色。

一、滨水园林历史人文景观

（一）历史事件形成的人文景观

都江堰风景区属于四川发展历史上由李冰治水所建成的都江堰水利工程，具有非常悠久历史背景，是国家级的重点风景名胜区保护单位，全国重点文物保护旅游胜地。都江堰建立于公元前3世纪中期是目前全世界唯一一个保留非常好的古代水利工程，该工程以无坝引水为主要特征，是一座采用自然分洪引水的宏大古代水利系统工程。在古代巴比伦、古罗马时期的人工水渠都已经埋藏在历史之中时，都江堰工程却跨越千年的历史长河，直到现在仍然还在发挥其巨大的经济效益，灌溉面积从之前的200万亩（13333.3公顷）增加到现在的近千万亩。都江堰的水利工程建设创造了人和自然之间和谐相存的典型水利发展新模式，创造出了非常神奇的水利建筑艺术，属于多种古代文明和文化精髓最为集中的展示，充分体现出了“天人合一”的人类文明境界，是自然生态和人文景观之间完美结合的巨作。景区的山、水、城、林、堰、桥等一些典型的景观都融为了一体；蜀文化、水文化、道教文化之间也是相互融合的；园林艺术、建筑艺术是交相辉映，属于人们亲近自然、回归自然的一个非常好的去处（图4-18）。

图 4-18　都江堰滨水风景区

都江堰工程具有非常现实的社会经济效益以及无与伦比的历史科学文化艺术价值，堪称为人类水利发展史上的旷世奇观，是一座至今仍然还充分发挥其巨大的经济效益和典型的社会效益的历史人文景观（图 4-19）。

图 4-19　都江堰人文风景区

（二）纪念历史人物形成的人文景观

位于厦门鼓浪屿的“皓月园”滨水景观，是一座根据明末清初时期民族英雄郑成功，以厦门作为主要基地收复台湾时发生的一系列历史事件创建而成的纪念性滨水园林，属于厦门的著名滨水历史人文景观，也是建立在厦门鼓浪屿东南端的礁石群中的一座滨水园林。该景区采用曲桥连接了各个礁石的景点，高大雄伟的郑成功巨型石雕建立在高达十几米的海上大礁石复鼎岩上，依山傍海，成为厦门鼓浪屿十分著名的景点之一（图 4-20）。这也是国内唯一的一座纪念民族英雄郑成功的公园。

图 4-20 郑成功石雕

园中修建的最大的郑成功雕塑与郑成功的青铜群雕二者合称为“皓月雄风”，其雕工非常精湛，气势磅礴，现在也被人们称作雕塑艺术史上的一个杰作。相传当年郑成功在乘船出征台湾以前，曾经在这里临海誓师，抛鼎掷剑，留下了非常多的传说。所以，园中已经修建了郑成功东征誓师处——皇帝殿（图 4-21），园内还有郑成功碑廊、郑成功微雕展览馆等景物。这座主要是由纪念历史人物而形成的历史人文景观，受到人们热烈地欢迎。

在福州长乐同样也有为了纪念郑和下西洋的伟大航海壮举而修建的滨水历史人文景观——郑和广场（图 4-22）。

图 4-21 皇帝殿

图 4-22 郑和广场

(三)综合性滨水历史人文景观

依据福州的历史人物传说、故事,收集相关的知识,经整理综合创建而成的综合性滨水园林人文景观,具有典型的跨时代、跨区域艺术特色。如福州的闽江公园有三处非常典型的滨水园林历史人文景观。

闽江公园防洪堤坝墙的长度为 1.8k 千米。游人如果要沿着堤坝墙行走 1.8 千米的话，的确非常枯燥乏味。为了能够进一步解决闽江公园防洪堤坝墙景观这一乏味的情况，福州市文化宣传部门基于福州的历史人物传说、故事等，收集并整理了相关的内容，创建出了防洪堤坝墙壁雕包括名人名言长廊（图 4-23）、闽都春秋浮雕（图 4-24）、闽都纪事组雕（图 4-25），形成了历史文化内涵非常深厚的闽江公园滨水园林历史人文景观，具有跨时代、跨区域的综合性景观资源特色。

图 4-23　名人名言长廊

图 4-24　闽都春秋浮雕

图 4-25　闽都纪事组雕

闽江公园的西河园和锦江园是一个长达 1.8 千米的防洪堤壁，这里有古代、近代、现代的三组福州名人名言组雕，每一组的 3 ~ 5 块壁雕相互组合，每块壁雕高为 0.6 ~ 2 米、面宽为 1.5 ~ 3m 不等，刻写出了历史名人的简介以及名垂青史的名言，不仅很好地教育了现代人，同时还为公园增添了十分优美的历史人文景观（图 4-26）。

图 4-26　闽江公园的名言墙

二、曲水流觞造型景观

曲水流觞属于中国古代时期流传的一种风俗。据说最初的时候是由周公旦开始的,在每年的阴历三月巳日(上旬巳日),让桃花在水中漂去,就水滨宴饮,用来招魂、镇鬼、驱散病疫。魏之后则固定在三月三日,并且还逐渐发展成了一种祭礼,称修禊。所以,历史上的每年三月三曾经就是一个充溢了春天欢乐的节日。其活动的主要目的就是洗浴。根据《后汉书·礼仪志》的记述,每年到三月三的时候,不分官吏百姓,倾城出动,去郊外的河中,洗净身上越冬留下的积垢,洁身祛病,拨出不祥,祈祷康健平安,同时还需要进行春郊游览等活动。在福州府志中同样也记载了东门桑溪宴集曲水流觞的三月三郊游风俗。

世界闻名的"曲水邀欢处",就位于绍兴的兰渚山下的书法胜地古兰亭。这里十分古朴恬静,飞檐翘角的"流觞亭"体态异常秀美,亭前山石参差,紫竹间曲水清流弯绕,正是"竹风随地畅,兰气何人清"。

乾隆曾经在圆明园中仿建了一座兰亭,仍然是"白玉清泉带碧莹"的环境,曲水穿行在天然石头以及慈姑野草间,保持一种郊野的典型趣味。后来在绮春园、静宜园、潭柘寺、乾隆花园(恭王府)等场所,都修建了面积为 10 米 ^{2} 左右的流杯亭,将曲水流觞这一活动,缩小了范围,在亭中举行。并且还在亭内地面上,建造成了石刻的弯弯曲曲的流水槽,把山水或者泉水引进来,从石槽中流过,主持者则将酒杯从上漂流而下,人们进行赋诗游戏,名曰:"流杯亭"。当这一形式逐渐发展成为贵族士大夫的一种游戏之后,也就逐渐丧失了其原有的天然韵味(图 4-27)。

现代人们也有仿效古人进行修禊觞咏、怀古励今的寓意景点。如北京的香山饭店中,就有"曲水流觞"的设计。引用的是当年兰亭修禊的典故,不仅不是当年的自然曲水溪流历史的原型,也并非后来程序化发展的流杯亭的复制品,而主要是撤除了流杯亭的顶盖和柱子，在临湖的位置使用花岗岩砌成了一个放大的曲水平台，引上游的跌水到流水槽中，安排了山石自然座椅，形成一种相对比较简洁大方、自然和谐、富有现代感的曲水景观。

图 4-27　恭王府曲水流觞

在 21 世纪，北京的皇城根公园同样也有形式不同的曲水流觞造型景观（图 4-28）。

图 4-28　曲水流觞

杭州西湖曲院风荷公园中同样也设计了曲水流觞的造型景

观。临水绿地建造了兰亭曲水景点,其总体的规划就是在大片的草地中以兰亭作为中心,在兰亭的一边修建了长约 20 米,宽为 1 ~ 2 米的跌水溪流。溪流主要是从一个几十平方米的水池上慢慢跌落到下面的溪流之中,沿途放置自然山石,点缀南天竹、棕竹、含笑、迎春、杜鹃等典型的南方花木,形成一条亲切宜人、自然曲折的小溪,完全能够满足人们亲水、回归自然的需求,同样也充满了当年大书法家挥笔书写"兰亭序"的意境景观。水池好像是大书法家可以蘸墨的鹅池,当渐次跌落的小溪流向兰亭的另外一边时,又流经了近 200 米的曲水流觞广场。这一曲水流觞广场,弯弯曲曲的流水槽溪水,就产生了历史上的曲水流觞流水景观造型,好像是当年文人流杯、饮酒、赋诗的一条自然小溪,也逐渐发展成了大人小孩去亲水、戏水、娱乐所用的好场所(图 4-29)。

图 4-29 杭州西湖曲院曲水流觞的景观

三、滨水人文景观设计实例

(一)长乐名人名言长廊

在长乐吴航路口的河边位置,有一块非常知名的"名人园"公共绿地,修建了一组长达 80 余米的名人名言长廊,高低错落的景墙浮雕,记述的是 20 余位长乐市的历史名人及其至理名言,追述了长乐的古代、近代、现代名人名垂青史的轨迹，展现出了长乐市悠久且深厚的文化底蕴，具有非常高的风景旅游价值(图4–30)。

图 4–30　长乐名人名言长廊

（二）长乐郑和广场

福州长乐位于闽江的出海口处，历史上也曾经是著名的明朝航海家郑和下西洋船队的候风和补给地。长乐市为了能够进一步开发建设闽江出海口的风景旅游观光，建成了一个长达 3km 的滨水人文景观。同时，为了纪念郑和七下西洋所作出的伟大航海壮举 600 周年，将其中的一段长度约为 800m 的区域，开辟成了“郑和广场”景区，面积接近 4.5ha。充分利用郑和船队七下西洋的历史奇迹，以长乐作为候风补给地的重要历史，建成了祭海誓师台、三宝亭、瞭望台、郑和兵营、亲水船平台、航海纪念馆、郑和雕像，种植了各种各样的树木花卉草坪。对过去的采石坛口、沙石地覆土 0.5—1m，并且还清理了岩壁，种植上各种各样的榕树、芒果、棕榈科乔木，竹子，三角梅等一些垂直攀援的植物以及时令花卉，形成了一个名副其实的历史人物滨水园林历史人文景观绿地。建成之后，这里的游人就络绎不绝，人们对此赞不绝口(图4–31)。

图 4-31　郑和广场

第三节　滨水景观的寓意景观设计

一、滨水园林雕塑景观

滨水园林寓含着多种多样意念的雕塑造型，形成了意象园林的典型景观，并发展成了滨水风景园林绿地十分重要的景观组成部分之一。滨水园林的雕塑造型景观，大概可以分成城市园林雕塑景观、园林人物雕塑景观、园林历史文化雕塑景观、园林生活艺术情趣雕塑景观四大类。

（一）滨水城市园林雕塑景观

滨水风景园林绿地通常都有很多反映城市建设成就和体现现代城市园林景观艺术形象的雕塑造型类型。如上海的黄浦江“东方明珠”滨水景观造型设计，充分展现出了上海城市园林建设十分辉煌的艺术成就，体现出一种非常高大、雄伟、壮观的城市园林景观形象；昆明世博会期间设计的“花开世纪”喷泉雕塑、福州五一广场上设计的“三山一水”雕塑造型、上海黄兴公园滨水雕塑景观——彩云飘雕塑造型，体现出来的都是城市园林建设发展欣欣向荣的景观，充分反映出了城市地方园林景观的独特艺术特色。雕塑的设计建造，使城市的园林景观形象得到进一步升华，美化了城市的环境，使人可以享受到环境艺术之美，令人感到十分愉悦、陶冶情操，提高了城市的园林景观发展水平，创建了城市园林旅游景观资源等多种功能（图 4-32 至图 4-35）。

图 4-32　东方明珠滨水造型

图 4-33　昆明世博会雕塑造型

图 4–34　福州五一广场的“三山一水”雕塑

图 4–35　上海黄兴公园滨水雕塑——彩云飘

福州的白马河公园设计了以“奔向未来”为主题的雕塑，以高大的船帆造型，寓意了人们必定会乘风破浪奔向美好的未来，雕塑采用适度的夸张手法，采用一种比较突出的形式渲染雕塑的造型意境效果（图 4–36）。

图 4-36　白马河公园“奔向未来”雕塑

（二）滨水园林人物雕塑景观

在国内的各个滨水风景园林绿地中，通常都有人物雕塑景观设计，以求能够进一步增加公园绿地的历史人文景观内涵，并进一步提高环境的艺术发展水准，给人们提供一种更为丰富的生活美、艺术美、环境美享受。

在珠海的海滨大道浅海上竖起的珠海渔女雕塑造型，突出地展现出了珠海盛产海蚌珠宝的悠久历史以及丰富的人文景观资源（图 4-37）。

图 4-37　珠海渔女雕塑造型

杭州太子湾公园就曾经在各个公园的草坪上都安排了“大禹治水”“李时珍”“少年”“圣母”等一系列的雕塑造型(图 4–38),极大地丰富了公园的景观内容。

图 4–38　杭州太子湾公园雕塑

而在杭州的花圃莳花广场内,位于中心广场处则安置了造型非常优美的少女雕塑,不仅有大面积的鲜花所形成的环境植物之美,同时还有跌水喷泉所形成的动态水景之美,还有少女雕塑所形成的典型的人文景观艺术美,极大地丰富了公园的环境景观多样性(图 4–39)。

图 4–39　杭州花圃莳花广场的少女雕塑

位于广东荷花世界的“荷花女”雕塑、福州闽江公园的“闽水魂”雕塑，都非常典型地展现出风景园林绿地所具备的历史人文景观内涵以及园林独特的地方景观特色(图 4-40，图 4-41)。

图 4-40 广东荷花世界的“荷花女”雕塑

图 4-41 福州闽江公园的“闽水魂”雕塑

(三)滨水园林历史文化雕塑景观

这一景观除了能够进一步反映出城市建设所取得的成就，美化城市湿地环境外，还能够进一步反映出城市的历史人文景观，向游人传播各种各样悠久的历史，进而发展出一种十分丰富多彩的中国历史文化，创建出城市园林丰富的旅游景观资源。长沙湘江风光带文化广场主景“印章石”“楚文化”的图腾柱，都充分反映出了历史十分悠久的楚文化历史人文景观(图 4-42)，使人惊叹中国历史发展进程中所取得的文化博大精深。

福州马尾船政文化公园的“锚”(图 4-43)、“水上飞机”，福州马江船政文化公园“浮雕墙”(图 4-44)，福州市博物馆雕塑“翻开历史”，反映了福州马尾船政学堂的辉煌成就，其曾经造就出一大批中国最早的海军和优秀造船人才，是我国历史上最早的造船基地、海军基地，曾经最早试造出我国的第一架水上飞机。以上景观彰显了历史上船政学堂的精英人物，具有鲜明的地方历史人文特征。

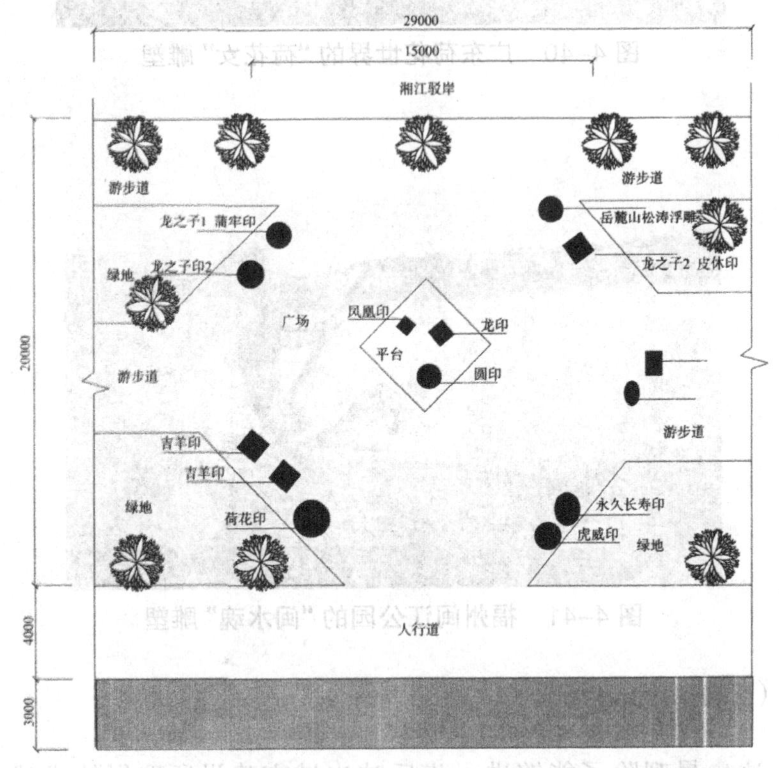

图 4-42　长沙湘江风光带“印章石”文化广场平面示意

图 4-43 “锚”雕塑

图 4-44 福州马江船政文化公园“浮雕墙”

(四)滨水“生活艺术情趣”园林雕塑景观

滨水风景园林绿地设计，通常都能展现出典型的生活趣味，同时还能展现出显示生活艺术美的雕塑造型，和实际的生活原型比较相仿，能够使人感到十分亲切可爱。

有一组湖边的生活雕塑造型设计，淋漓尽致地反映出了傍涌而居的渔人日常生活中的典型一面。在湖中,一位垂钓者坐于船上,身后是一只鱼鹰在等待鱼儿出现,渔人身披蓑衣,头戴毡帽。一侧船尾被压起来,利用夸张的手法表现出雕塑的艺术性,是一组比较写实的生活写照,将人的生活艺术化之美和生活情趣定格于湖边(图 4-45)。

在晋安河公园国货路段,有一个“子孙戏”铜雕,大小和真实小孩相仿,竟然也是头脚相环接,细数竟然有四个小孩在嬉戏叠罗汉玩耍,它带给人一种愉悦的场景,让人们感受到无尽的生活情趣和生活艺术之美感,也创建出了城市园林旅游景观非常丰富的人文资源。

图 4-45 湖边生活雕塑

二、滨水园林建筑景观

在现代园林设计过程中,滨水园林的建筑景观通常都更加注重形成一种含有深远历史文化寓意的造型景观,从而就形成了一种比较优雅深邃的艺术意境。

(一)滨水园林建筑设计的原则

滨水园林建筑景观往往都是滨水园林景观极为重要的组成

部分。它通常在游赏娱乐、美化环境、体育活动以及日常的生活服务等多个方面起到十分重要的作用。更为重要的一点是,它在充分满足自身的使用功能前提下,其造型的景观十分丰富多彩,高低错落,并且还持续地推陈出新,风格十分突出,特色极为显著。滨水风景园林景观通常情况下需要遵循以下设计原则加以设计。

1. 因地制宜

在建筑的基址选择方面,需要做到因地制宜地。不仅可以选择临于岸边、水边的石矶等场所,也可以建在岛上、桥上等场所,甚至和泉、瀑保持相连,建在水中,做到巧于自然而且还融会于自然。如苍浪亭的选址就位于闽江边的山岬顶上;梨花轩的选址在鼓山山谷视野宽广深远的巨岩上。可以把建筑空间和自然空间和谐地融会在一起,如同济大学的休憩亭,选择在现代化都市里的幽静环境之中(图 4-46)。

图 4-46 同济大学的休憩亭

2. 形成寓意空间

长乐郑和广场的三保亭,是三个攒尖方亭进行组合的造型,是为了纪念为中国航海事业做出杰出贡献的明朝航海家郑和而修建的,寓意十分明确、深刻(图 4-47)。

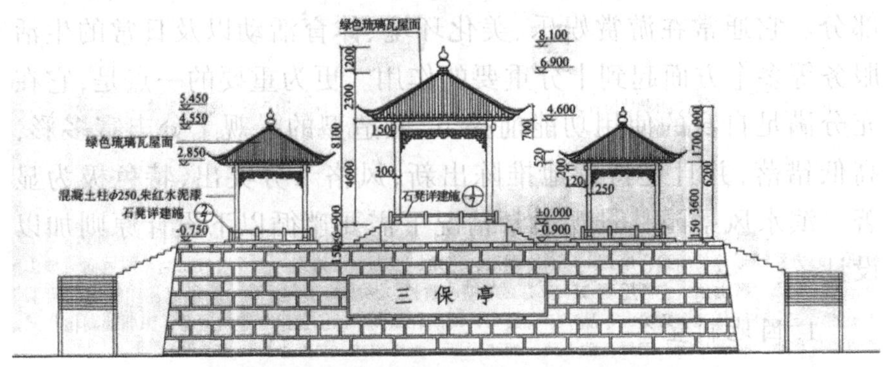

图 4–47 长乐郑和广场的三保亭

3. 注重建筑风格

滨水园林的建筑设计除了应和地形地貌之间进行有机结合之外,还应做到自然和谐融合,同时也应该注重建筑的风格设计。仔细考察国内外的风景园林建筑设计,有传统园林风格建筑和现代园林风格建筑的区别。通常如果要体现历史文化景观,采用的都是传统风格的滨水园林建筑造型;而想要反映出现代建筑的景观,则多采用现代风格的滨水园林建筑造型。

4. 体现建筑景观地方特色

不管是传统的风格,还是现代风格的滨水风景园林建筑,都可以很好地体现出各地建筑景观独特的地方艺术特色,成为各地旅游风景的独特资源优势。如泰国、日本、中国北方和南方各地的建筑景观,都具有非常典型的地方特色。如福州金山寺,修建在乌龙江之中,正脊喜鹊尾,灰瓦坡屋面,体现出的是闽都福州建筑景观独特的地方特色(图 4–48)。

还有周庄全福寺,河湖环绕,具有非常典型的江南水乡建筑景观地方特征(图 4–49)。

5. 合理的比例尺度

建筑环境能够直接影响到比例尺度,只有比例尺度适宜合理,建筑的景观才可以更为优美和谐。如厦门的园林植物园百花厅,临湖而建,比例尺度就做得非常合理适宜,建筑景观轻巧、通透、大方，环境优美且极为宁静，使游人流连忘返(图 4–50)。

图 4–48 福州金山寺

图 4–49 周庄全福寺

图 4–50 厦门园林植物园百花厅

成都的合江亭，位于成都府南河三江汇合位置，视野十分宽广，双亭高高耸立于三江汇合位置的河岸半岛上，比例尺度显得十分高大粗犷，建筑景观雄伟壮观（图 4–51）。

图 4–51　成都合江亭

（二）传统风格滨水园林建筑

传统风格的园林滨水建筑，十分注重建筑的造型景观设计，大多采用的是斜屋面，飞檐翘角的瓦屋面。主要分为四方、长方、八角、套方、圆形等一些典型的平面组合类型，屋面主要有圆形、三角、四方、六角、八角等一些攒尖的屋面，两坡面、硬山屋面、廊庑等，单檐、重檐、多重檐等都会相互进行组合，形成了几十种典型的屋面造型景观。如三保亭就属于三个攒尖方亭品字组合造型；陶然轩也属于两个歇山顶组合建筑的典型造型形式；深圳的仙湖植物园盆景园观景楼也是由很多长廊、阁楼、歇山顶、卷棚屋面、廊庑组建而成的（图 4–52）。

综合分析考察国内外相关的滨水园林建筑设计，发现了各种园林的建筑都具有非常典型的地方风格特色。如泰国的滨水园林建筑造型设计，高耸的屋面坡，白色屋脊线，轻巧的飞檐翘角，形成了一种风格独特的泰国传统园林建筑，有十分强烈的异域建筑风格。日本滨水园林的建筑非常简约大方，自然和谐，也已经发展成为日本各地区旅游风景的重要资源。

图 4-52　深圳的仙湖植物园盆景园观景楼

1. 泰国滨水寓意景观

泰国是一个信仰佛教的国家。泰国的水上市场，滨水休闲亭与宫殿式建筑、亭廊建筑一个接一个排列在水上街道边，富有异国风情，既是供市民休闲与购物的场所，也是泰国佛事活动的场所；既是滨水休闲娱乐建筑，也是公共景观建筑。金光闪闪的建筑，体现出了泰国的地方历史文化特色，给每一位观光游客留下了深刻的印象，成为泰国旅游的风景资源(图 4-53)。

图 4-53　泰国滨水建筑景观

2. 日本滨水建筑景观

日本京都的桂离宫以及日本东京的滨离宫，建筑景观简约、大方、精细，自然和谐，富有日本民族建筑风格特色，是典型的历史人文景观滨水建筑。临水而建的日本金阁寺建于日本江户时代，是一幢金碧辉煌的三层建筑，具有日本民族建筑发展的历史特征和兼收并蓄的景观特点。而日本多摩住宅小区的公共绿地和湖滨廊架是简洁大方的现代滨水建筑风格小品（图 4–54）。

图 4–54　日本多摩住宅小区

（三）现代风格滨水园林建筑景观

现代风格的滨水园林建筑风格，屋面往往没有传统风格建筑那么繁杂。对于现代的滨水园林建筑景观设计而言，首先要总体进行合理地布局，需要做到主次分明，满足园林建筑的景观构图艺术要求以及相关使用功能之间的和谐统一；其次，选址需要做到“因地制宜”，将建筑空间和自然环境进行和谐融合；再次，有关现代滨水园林建筑的景观设计，需要“精在体宜”，尤其是要突出设计的简约、朴素、新颖风格；最后，现代的滨水园林景观设计，往往都在大胆地追求建筑的造型景观之美，追求一种十分深厚的文化表现。

在现代的滨水园林建筑景观设计过程中，不仅需要高度重视造型的景观，还需要极力去追求富有典型历史人文景观寓意的表达，形成一种非常优雅深厚的典型艺术意境，注重形成带有非常深远历史文化寓意的造型景观，也就是要形成意象园林的景观，体现出当地典型的建筑景观地方特征，成为当地的旅游资源。

现代风格的滨水园林建筑造型设计，追求的是时尚大方的造型，突出新颖奇特的设计风格。这就需要设计师大胆进行规划，如广东三水荷花世界滨水竹亭、珠海石博园的石景（图 4-55），建造简单，投资少，具有自然大方的观感，也体现了当今时尚流行的简约设计风格。

图 4-55　珠海石博园

1. 杭州西湖现代园林建筑景观

杭州太子湾公园的流水茶室，曲院风荷酒楼的景观建筑，对传统风格园林建筑造型进行了很大的改革。虽是斜屋面，木结构，外廊环绕，但斜屋脊没有起翘，白墙灰釉筒瓦，屋面坡度缓，大玻璃窗，造型简洁大方，形成了现代风格的园林建筑景观（图 4-56）。

图 4-56　曲院风荷酒楼的景观建筑

2. 泉州东湖公园现代园林景观

泉州东湖公园钢筋混凝土圆亭与星湖荷香廊架，造型简洁，古朴大方，是现代风格园林建筑，可看出泉州作为历史上的开放城市，海上丝绸之路的港口城市，吸收外来建筑风格，形成了泉州建筑的地方特色（图 4-57）。

图 4-57　泉州东湖公园现代园林

第五章　滨水景观面临的问题及其生态保护与设计

城市滨水地区的重要性在于丰富的环境景观资源。比如水岸能提供最大的城市景观视域，对于城市尺度的空间，河流往往能提供最为恰当的视距和景深，并提供最为丰富的景观边界（Edge）和水岸边际线（Skyline），由此提供完整的城市天际线和整体城市意象（City Image）。本书围绕滨水景观面临的问题、环保设计以及亲水设计等进行分析。

第一节　滨水景观面临的问题

对于城市景观而言，地处水岸边际的城市区域提供了城市高密度人工环境伸向自然区域的通道和窗口，按通常的话来说，是一个地区景观信息量最大、特色最集中、景观层次最丰富，同时也是人工与自然风景相交融的区域。

滨水区域的绿色基础设施建设决定了一座城市的基本环境风貌和环境质量，在进入工业化时代以后，滨水区域功能由廉价航运转向提供舒适环境的过程中，滨水区域规划在空间上的适宜性（尺度）、功能上的亲水性（交通，人车分流）和环境上的舒适性（景观风貌）等方面提出了极高的要求。同时，由于大量的现代城市功能的加入，使滨水地区成为城市功能最为集中的区域，城市的标志性街区、建筑、大众娱乐休闲和文化建筑，城市的传统风貌区往往都沿着水岸线布局，使之成为环境资源矛盾最为突出的地区。在满足现代城市生活的同时，在空间上也会造成功能叠加、面貌杂乱、人车混流等诸多问题。

因此，滨水区域的规划难度远远不止于水岸风貌的塑造和功能的便捷舒适性，更应包括水利的安全性，生态的可持续性，市民使用方面的连续性、开放性和整体城市风貌的一致性、独特性等方面。

一、近代滨水景观出现的问题

20 世纪 80 年代后，随着城市的扩张，河流被传统水利的单一功能取向所“绑架”，单一的蓝线规划、简单粗暴的处理手法，使大量具有丰富生境和蓄滞洪能力的天然河道被硬化、渠化，成为僵硬板直、毫无自净能力的泄水渠；河流被过度开发、过度截流，导致天然河流弱化为节点性的湖沼，河段大面积断流，自然生境急剧缩减，对季节性洪水的抵御能力大大下降，许多城市河流因此退化为季节性水洼，难以形成与现代城市相适应的水面；工业时代直接向城市河流排污的做法依然延续，大量污染物的流入使河流难以自净，最终沦为永久性的城市弃物垃圾填埋场和市民避之不及的藏污纳垢之所；河流因城市建设用地紧张而被无情地覆盖，成为地下暗流，这种做法甚至从中国封建社会的后期就已经开始蔓延，最典型者，如清代后期苏州城市河道的大面积占用，最终导致原来具有极强的防涝、自净能力的环城水系统崩溃。由此，我们倡导挣脱混凝土河岸对自然的束缚，恢复河道的自然流程；掀开“盖子”，让河流重见天日，让河流与现代城市重新携手。

二、应采取的对策建议

（一）安全的滨水

城市河道在功能上除基本功能外，还往往兼具排洪、排涝功能。然而，无论是针对什么类型的河道，城市治理者往往采用千篇一律的治理方式，即将河道裁弯取直，加深河槽，硬化驳岸，在上下游之间建立层层堰坝水闸等。

这种简单的治理方式，不但使附属水面枯竭，丰富的自然水系退化为无表情的工程水渠，还使滨水栖息地丧失，河道自净能力降低，季节性断流和超高峰值的洪水频发。同时，水岸与河流也失去了以往的灵性与活力。

安全的滨水区域，其核心思想是充分发挥河岸与自然水体之间的交换调节功能，实现天然自净能力。创造有利于多种生物尤其是两栖类、鱼类生存的空间，保证上游河道对于季节性洪水的蓄滞能力，减缓下游城市的泄洪压力。用多层立体水岸设计代替单一岸线，增强对季节性水面变化的适应性，同时增加市民亲水的机遇，提供城市亲水休闲活动的多样性空间。

（二）符合生态理念的滨水景观

生态滨水设计的核心理念主要有以下几点。

第一，建立立体分层的河床与岸线设计，以便最大限度地适应水位的季节性变化；合理利用上部河床的广阔空间；提供多样的绿道，接入生态游步道，提供市民休闲的多种方式（图 5-1）。

第二，恢复多样化自然水岸。恢复河道自然流程及岸相，恢复自然水岸生境；发挥自然河道的蓄滞洪作用，降低流速和水位瞬间峰值，缓解洪水威胁。

第三，建立完善的原生植物群落。建立从市政堤顶路直至浅水湿地区域完整的乔、灌、草立体搭配的原生植物群落系统，完善水岸动植物系统，最大限度地实现滨水植物群落的自我演替过程。

（三）具有开放功能的滨水景观

开放的滨水景观并不是多种选择、多种机遇的滨水景观，过宽的河道难以聚拢人气；乏大的滨水广场，利用率极低，缺少日常活动空间。具有开放功能的滨水景观应该具备以下条件。

第一，建立多层次水岸带，建立可达的水岸、设置可淹没的多层次亲水平台，以增加滨水地带的承载力，提高滨水区域的利用效率，增强水岸的活力与人气。

第二，采用生态规划设计的手法，推广使用生态驳岸。生态驳岸是指恢复后的自然河岸或具有自然河岸“可渗透性”的人工驳岸，它可以充分保证河岸与水体之间的水分交换和调节功能，同时具有一定的抗洪强度。

第三，建立密度合宜的连续滨水岸线。目前，在我们的滨水区域开发过程中，有一个比较普遍的现象，即使将一河两岸视为滨水区域开发的全部空间。这种直线式的开发模式将会对环境的承载力、城市的天际线变化以及未来土地的有效利用都产生不利的影响。因此，应建立一条由滨水区伸向腹地的梯度天际线，严控滨水开发密度。

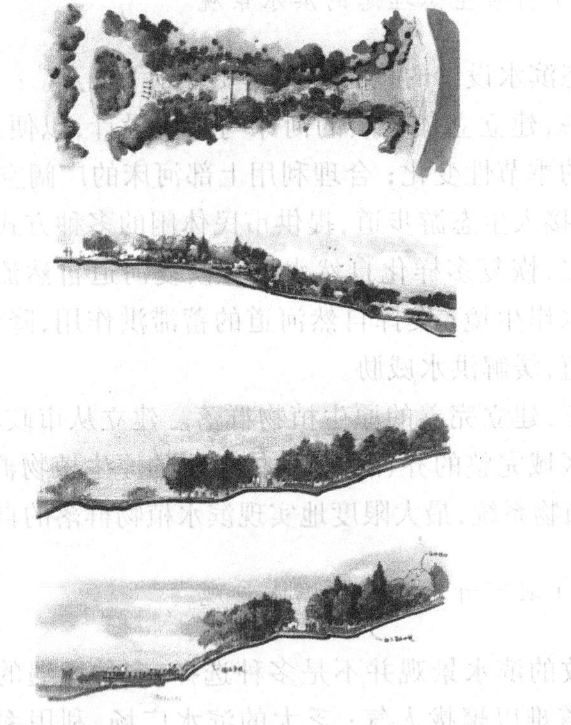

图 5-1　分层立体河床示意

（四）避免“千河一面”

水是文化的载体，城市河流曾经孕育了灿烂的城市文明，它承载了城市发展的文化记忆。然而在滨水区开发规划的过程中，往往忽略了这种文化个性，而采用大一统的模式，进而导致“千河一面”。如今的城市河流开发，不仅要实现其水利功能，开发其经济价值，还要开发其文化功能。

第二节　滨水景观的生态保护与设计

在推进城市化发展的进程中，民众生活和工业生产的用水量和污水排放量都在不断增加，为缓解用水和排污的压力而开发建设了大量的滨水地带，由此出现了很多滨水环境恶化和滨水空间缩小的不良现象。所以，滨水环境景观的设计过程中必须重视生态理念，滨水生态安护与设计是当前进行滨水环境设计的重要课题。

滨水生态保护与设计的内容主要体现在以下几个方面。

一、保护水质和处理水污染，利用水资源

作为滨水生态保护与设计的前提，保护水质和处理水污染是营造良好滨水环境景观的基础保障。在保护和设计滨水环境的过程中，不仅要严格保证水处理的质量，更应该节约和优化利用水资源，使其发挥最大的价值。具体的要求可以体现在以下四个方面。

（一）水质污染的检测和评价

首先，关于水质污染程度的检测和评价等相关工作，需要管理部门的专业人员进行配合，按照相关的规范要求来检测和评价

水质情况。在设计滨水环境景观时,遇到水质未达标的现象,必须再次进行水污染的处理。

（二）截污

截污是处理水污染的第一项重要工作,对于可能进入水体的污染源,需要提前进行截流处理,并且经过严格的净化过滤后才能放进水体。此外,为了更好地保护水资源和调节排水力度,应该充分利用植被缓冲带或其他水质管理技术来保留自然的排水通道。

（三）水资源利用

水循环利用和水资源收集是水资源利用的两项重要内容。其中,水循环利用主要体现在污水处理厂对水质的净化过程,同时,小型水体也可以为大型水体起到一定程度的循环净化作用。

对于水资源收集的相关工作,除了要收集处理后的生活污水以外,雨水等水资源也要纳入到可利用的体系中。例如,图 5-2 中的形式,可以把人工湿地、集雨绿地、生态渗透池等建立在滨水地带的周边,既能够控制暴雨的影响,也可以收集其中的雨水。同时,这些用于收集雨水和管理暴雨的水资源设施还可以塑造良好的景观效果,为广大民众提供更多的开放性休闲空间。

（四）污水处理

为了有效处理那些难以截污和过滤的农用药水、雨水等污水,在保护和设计滨水生态的过程中需要采用生态环保的治理方式,通过建立水道和小河道等净化设施,以人工或自然的方法把污水处理成可用水,甚至将其改变成灌溉用水或者观景用水等。

图 5-3 说明,自然生态系统非常脆弱,自然净化能力也很有限。人工湿地通过模仿自然净化的过程,可提高水体自我更新的能力。

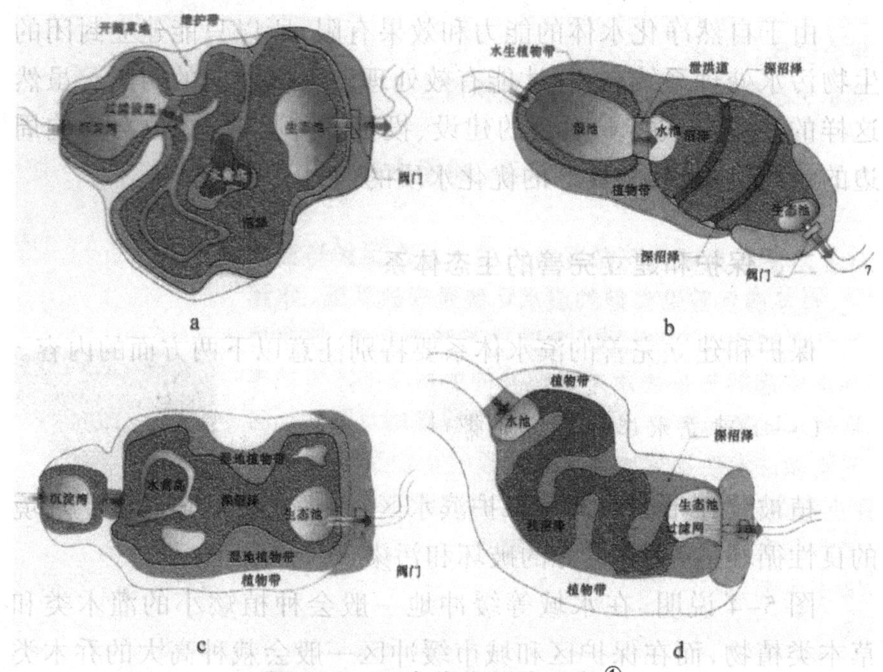

图 5-2　雨水收集系统示意[①]

a 浅沼泽型雨水湿地　b 池塘或湿地型雨水湿地

c 扩展滞留型雨水湿地　d 小型雨水湿地

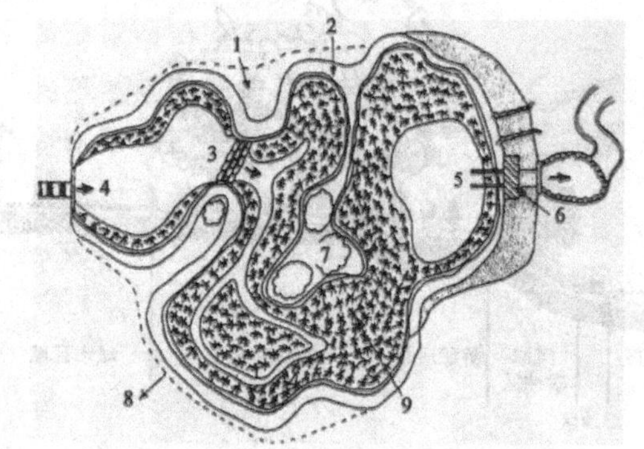

浅沼泽系统——典型设计(华盛顿市议会，Thorn Schueler)

图 5-3　人工湿地的工作示意[②]

1.池周25%的空地可以种草　2.维护带　3.金属条筐围墙　4.前池　5.小型池　6.闸门，用来控制水位　7.水禽岛　8.25 英尺的湿地景观缓冲带，种植本地树木和灌木丛，为生物提供生境　9.分块湿地，以提供多样化

① 宗静．城市的蓄水囊——滞留池和储水池在美国园林设计中的应用

② 克雷格·S·坎贝尔．湿地与景观[M].吴晓美，译．北京：中国林业出版社，2005.

由于自然净化水体的能力和效果有限，所以只能建立封闭的生物污水处理系统，这样才能有效处理较大区域内的污水。虽然这样的处理方式需要大量的建设、投资和养护成本，也会影响周边的景观，但是具有良好的优化水质的效果。

二、保护和建立完善的生态体系

保护和建立完善的滨水体系要特别注意以下两方面的内容。

（一）建立水岸植被缓冲带

植被缓冲带能很好地保护滨水区，确保水生环境和陆生环境的良性循环，避免水资源的破坏和污染。

图 5-4 说明，在水域等缓冲地一般会种植矮小的灌木类和草本类植物，而在保护区和城市缓冲区一般会栽种高大的乔木类植物。

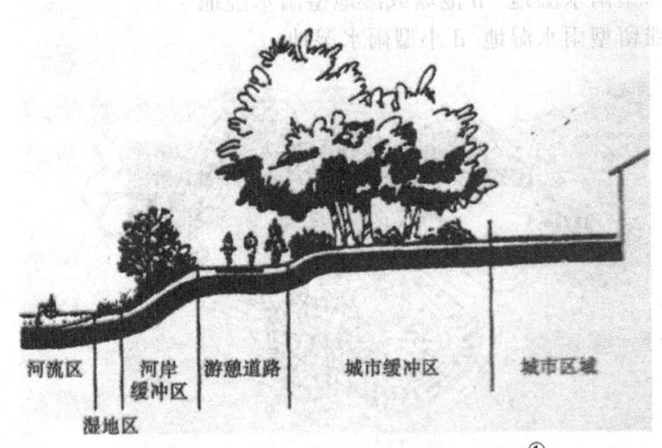

图 5-4 滨水植被缓冲带示意[①]

对原先存在的植被一般都会采取保护措施。而靠近水域的地方也不会栽种单纯为了观赏的绿化植物，而是在原有的植被上进行适当补种，以取得整体与和谐的效果。

水域附近植被缓冲带的建设是滨水空间生态环境的重要工

① 车生泉．城市绿地景观结构分析与生态规划[M]．南京：东南大学出版社，2003.

作之一，缓冲带可以很好地保护生态环境。植被不仅起到了减弱噪声和改良小环境的作用，还可以避免水土的流失和防止河道的改道。

除此以外，水岸植被缓冲带的建设还能吸引大批的动植物栖息，确保生态的完整性和多样性。

（二）湿地的保护和建设

湿地的保护和建设是滨水景观设计的重中之重。滨水水域不但可以还原水域的自然形态，而且还相当于设置了一些小型的蓄水池，以便收集雨水。发洪水时，还能起到排除险情的作用。不仅能使景观丰富多彩，还能起到防御洪水的作用，景观和生态都能得到很好的保证。

图 5-5 说明，在洪水位设防线内以水体、湿地、植被、人工公园等自然生态为主，洪水位设防线外可以结合滨水公园、城市防护等融入城市开放空间的功能体系，为公众提供休闲、运动、娱乐的场所。

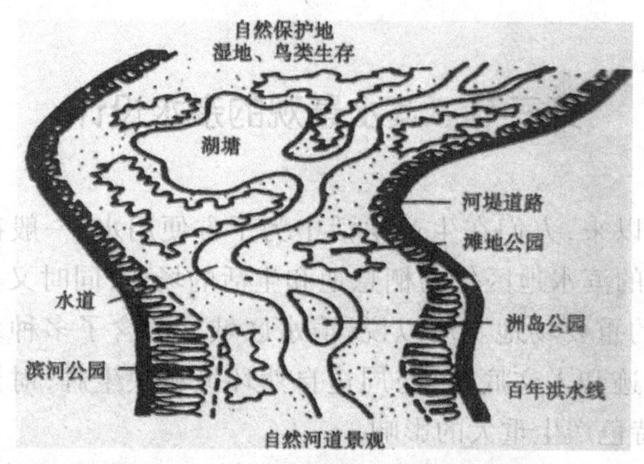

图 5-5　滨水空间的多样形态结构

对湿地进行恢复和保护，是确保保护和玩赏之间的平衡，确切地说就是人和自然的和谐共处。在本的案例部分中列举的香港湿地公园就是湿地保护建设的典范。

三、采用可再生能源

在滨水生态保护与设计中，可再生能源的合理利用也是非常重要的。滨水生态的设计和维护过程中，建筑、照明以及景观设施都可以合理地利用一些可再生能源。

可再生能源在滨水生态保护与设计中还有很大的发展前景，可为今后水能的综合利用积累有效的技术和实践经验。

四、生态教育

当然，生态的建设离不开人们的爱护和维持，所以说生态教育也是滨水环境保护与设置的重点工作。在滨水景观规划设计中，也需要包括相关的生态教育的内容。行之有效的方法是将观赏线路和生态体验融为一体，而且让游客在观赏的时候还能真正感受到生态系统的内在原理和外在体验，从而在内心形成强烈的生态认知。

第三节　滨水景观的亲水设计

一直以来，人们在生产生活中为了方便用水，一般都会择取靠近水域的滨水地区作为栖息地和生活的场所，同时又是游玩栖息、祭奠的重要场地。所以说，滨水区域又蕴含了多种多样的历史文化遗迹和人文底蕴，与周边自然环境相映生辉，对当地的文化、风土特色产生重大的影响。

在经济快速发展、生活水平不断提高的今天，滨水区域的环境已经受到越来越严重的破坏，这也是亟待解决的问题。滨水区域是城市的一个公共开放空间，是人们接近自然的重要场所，因此有必要重新审视和评估其突出的生态环境价值和运动休闲价值。

一、亲水的概念和内容

（一）亲水的意义

通过参与一些亲水的活动，能够调理人们的生理，带给人们心理上和精神上的双重享受。亲水设施就是为了人们参与亲水活动而设置的，它在设置时最重要的原则是适应水体的自然特征，这主要是指要考虑水体的丰水期和枯水期，还有就是要考虑安全问题。

（二）亲水活动分类

从亲水活动的规律和要求出发，应该将亲水活动和相关的亲水设施加以分类，并针对活动场地的适应性制定相应的规范标准，具体地、多角度地阐明亲水活动和外部环境的联系。

这样做的原因在于为了更好地针对滨水空间的景观设置特点，为不同的滨水区域如河川、湖海的设计和规划提供技术支持。

1. 从亲水活动性质分类

表 5-1 是按亲水活动性质的分类。

表 5-1　按亲水活动性质的分类

活动类型		活动内容
观赏型亲水活动	观赏	欣赏靓丽的自然风景，看花赏月，与大自然的动植物亲密接触
	游玩	惬意散步、拍照、临摹
休闲型亲水活动	野营	放松心情、体验自然、露营、野餐
	戏水	水中嬉闹，岸边游戏
	捕捉采摘	捕蝶抓虫，采花摘果
	休闲	约见情侣、聊天散步等
	郊游	游览名胜古迹

续表

活动类型		活动内容
运动型亲水活动	水上	坐汽艇、冲浪、漂流、各种水上比赛项目等
	水边	钓鱼，利用河道、河槽及湖海边的场地骑马及进行足球、迷你高尔夫球等球类练习，放风筝，航模和摩托车等交通工具的竞技
	堤岸	骑自行车、跑步
临时聚会型亲水活动	聚会	聚餐游玩、庆祝节假日
	娱乐	唱歌跳舞、山歌对唱、篝火晚会等
传统文化型亲水活动	民俗	祈祷祭奠、传统节日庆祝
	民间活动	春游、放风筝、放灯许愿、饮酒玩闹、赛龙舟、鱼鹰抓鱼
考察研究型亲水活动	科学研究	水生动植物群落的研究探索、小气候环境的研究等
	科普教育	观察蝌蚪的生长、了解昆虫的特征，观察鱼、虾活动，芦苇的保护
其他类型亲水活动	一般性行为	慢走、坐、躺、谈话闲聊等受场地限制较小的一般性行为

（1）观赏型亲水活动　观赏类的亲水活动是人们参与最多的一项活动，例如可以根据季节交替来了解大自然的变迁，泛舟水上，放松心情，观水景游玩等。观赏主题可以是自然景致，也可以是其中的野生动物或植物。人们通过写生绘画、摄影记录等静静地欣赏，远离了城市中的繁华与压力，投入大自然的怀抱，切身体验人与自然的和谐共处。

（2）休闲型亲水活动　包括野外宿营、野外郊游、水边戏水、摘花种草，以及心情转换调剂的情侣约会、散步、交谈等各项活动。休闲型活动是人们日常生活中必要的生理和心理调剂的基本形式。利用河道、河槽所能开展的水上活动也是丰富多彩的，可以坐汽艇、冲浪、漂流、进行各种水上比赛项目等，可以在湖海边场地骑马及进行足球、迷你高尔夫球等球类练习，放风筝，航模和摩托车等交通工具的竞技；堤岸线性利用活动诸如自行车运动、长跑、慢跑等。这些活动形式受场地约束较小,可以加强对河道、河槽、湖边、海边的生态保护用地的利用。不但可以使防洪蓄水的功能得到保障,还能合理地利用场所的特征,设立亲水活动的公共场所,为人们提供追求精神和物质享受的场地。

(3)临时聚会型亲水活动　每年定时的短时间群众聚会活动、临时性大型文化娱乐活动或纪念性聚会活动等都属于临时聚会活动。如日本夏日水边的焰火晚会,或者是歌星演唱会、音乐会,可以利用水边宽阔的场地,临时搭建一些舞台或者观礼台、座椅等,便于组织疏散人流,节省成本。与此同时,还能利用水边的特有优势,创造怡人风景。

(4)传统文化型亲水活动　历史文化传统活动具有丰富的地域风情特色,有利于滨水区域文化的建立,发扬了民族传统,同时还可以促进旅游业,发展本地产业经济。

(5)考察研究型亲水活动　包括科学研究性质或者科普性质的观察研究,如研究水生动植物、水边际动植物群落和气候环境等相关活动。比较常见的有鸟类观察记录,研究鸟类迁徙、筑巢、繁衍等生活习性,为学科研究提供基础资料。科普教育性质的包括观察蝌蚪的生长演化过程,萤火虫、蜻蜓等野生昆虫的生长性,鱼虾类的生活,芦苇净化水体的作用等,培养人们了解自然和保护自然的兴趣。

(6)其他类型亲水活动　滨水生态系统以其怡人的环境、宽敞的空间、多种多样的物种、地形的多样和季节的交替,吸引人们前来参加散步、闲聊等各种一般性行为活动。这些活动受场地要求限制小,日常发生率很高,也是滨水空间常态性活动之一。

2. 从参加活动人的属性关系分类

不同的个体或群体具有不同的活动类别趋向和场地要求。针对儿童、青少年、成年男性、成年女性、老年人,以及群体活动要求的兴趣爱好俱乐部、学生或团体组织、家庭、情侣、多人结伴同行来看,具有明显的属性特征(表5-2)。

表 5-2　按社会属性与亲水活动的关系分类

活动类型	内容	社会属性		
		儿童、青少年	成年人	老年人
观赏型亲水活动	观赏	○	○	○
	游玩	○	○	○
休闲型亲水活动	野营	○	○	
	戏水	○	○	
	捕捉采摘	○		
	休闲		○	○
	郊游	○	○	○
运动型亲水活动	水上	○	○	
	水边	○	○	
	堤岸	○	○	○
临时聚会型亲水活动	聚会	○	○	
	娱乐	○	○	
传统文化型亲水活动	民俗		○	○
	民间活动	○	○	○
考察研究型亲水活动	科学研究		○	
	科普教育	○		
其他类型亲水活动	一般性行为		○	○

（1）儿童、青少年　儿童和青少年一般都是以群体的形式来参与亲水活动，换言之，也就是说由很多人一起来参与活动为主。青少年多会参加体育俱乐部、学校机构组织的足球、长跑、航模竞技等运动，也会积极参与观察水鸟和水生植物、调查自然现象等科普体验活动。

（2）成年人　成年后，不管男女都会受到来自社会的各种压力，如学校压力、生活压力和工作压力等，因此尽管主动性的要求很高，但是实际上能参与亲水活动的机会并不是太多。未婚的成年人一般喜欢冰上运动、摄影观鸟等，情侣约会则一般会选择赏花赏景或者是水上游艇之类以休闲为主的活动，而成婚的人除了爱好如摄影、游泳和钓鱼外，基本上都会以家庭出游的方式参与水上活动和传统文化型亲水活动。

（3）老年人　一般老年人退休后的空余时间比较多，而且随着社会的发展，老年人的经济也相对宽松了，思维方式也有了很大的变化，老年人的亲水活动由附属于子女活动逐步走向自主性积极参与活动。出于文化程度和体力等因素的考虑，老年人的水上活动选择有很大的差异。一般的老年人选择个体性的活动如慢跑、散步和钓鱼等体力消耗较少的活动，当然也有很多是与子女或者朋友一起选择一些传统文化型、运动型亲水活动等。

3. 亲水活动多重交叉

亲水活动涉及的方方面面情况较多，受到环境因素和季节气候的影响很大。亲水活动类别和适应人群很复杂，也会受到场地或者他人活动的影响而改变原有活动，产生各种组合的亲水活动方式。

同时，公众参与亲水活动的目的不同，也会产生不同的要求。例如，同样是垂钓活动，对于情侣来说仅仅是一个活动形式，而他们关注的是彼此的情感沟通和滨水环境的亲和氛围；而对于垂钓的爱好者来说，是一种全身心投入的运动。他们观察水质、水生植物、鱼种和鱼群出没范围，认真选择垂钓位置，倾心于垂钓带来的身心愉悦和成功感。

（三）亲水活动的空间范围

从图 5-6 可以看出，水面上、堤岸上、水的边际、堤岸边缘这些滨水的空间具有不同的特征，可以根据这些不同特征开展不同的亲水活动。

图 5-6 说明，各个区域承担的空间功能不同，应区别对待，特别是要考虑保护区域内的生态系统与亲水活动间的关系。

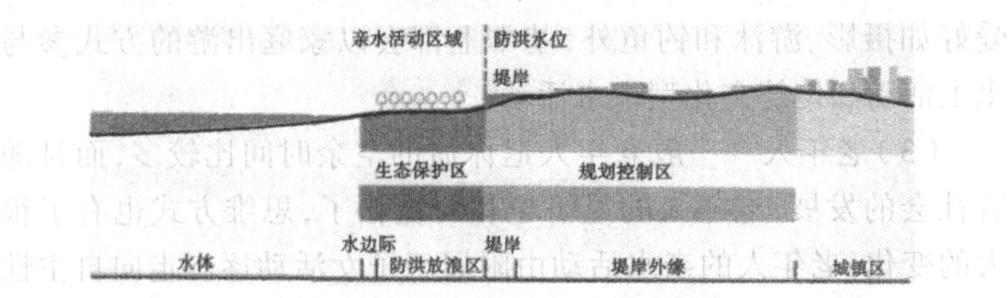

图 5-6 滨水空间的剖面结构

1. 水面

对于水面的利用可以根据水体宽幅、水体形态、水流速度、水体面积来确定。如河道有运河、自然河流、城市内人工河道之分。

大型自然河流通常有着较深的水体，宽阔的水面，水面上可以进行游泳、泛舟等水上项目。但是如果水面的宽度达不到 10 米，深度达不到 0.5 米，那么这个河道就不能用于开展水上活动，尤其是拖板类划水以及摩托艇等活动，否则发生危险的机率会非常大。

另外，水上活动的安全和有效性还受到水体深度、水流速度以及水体中植物密度的影响。在水体较浅、水生植物密度大的河道须严禁游泳活动和开展水上机械性运动。

2. 水边际

在一些水面较为开阔，水流速度较缓，并且水质能达到 2 类、3 类以上的区域可以设立呈阶梯状的亲水驳岸。

3. 防洪防浪保护区

图 5-7 显示的是防洪泄洪区的分布图。确定防洪泄洪区位置的因素主要包括湖泊、河川、滨海所具有的水面宽带、水体容量、水流量以及潮汐特点等。在滨水的空间内，这些区域的价值是最为突出的，人们的各类亲水活动也大多在这些区域中展开。但是如果防洪保护区的宽幅小于 5 米，那么这个区域内就不宜安排规模较大的集会和纪念活动，也不宜安排其他需要大面积场地的活动。

城市内须制定防洪防浪的应急规划，要根据保护区的宽幅合理设置用于应急避难的安全场所。

图 5-7 说明,滨水空间规划以安全优先为原则,亲水设施设置必须考虑安全因素。

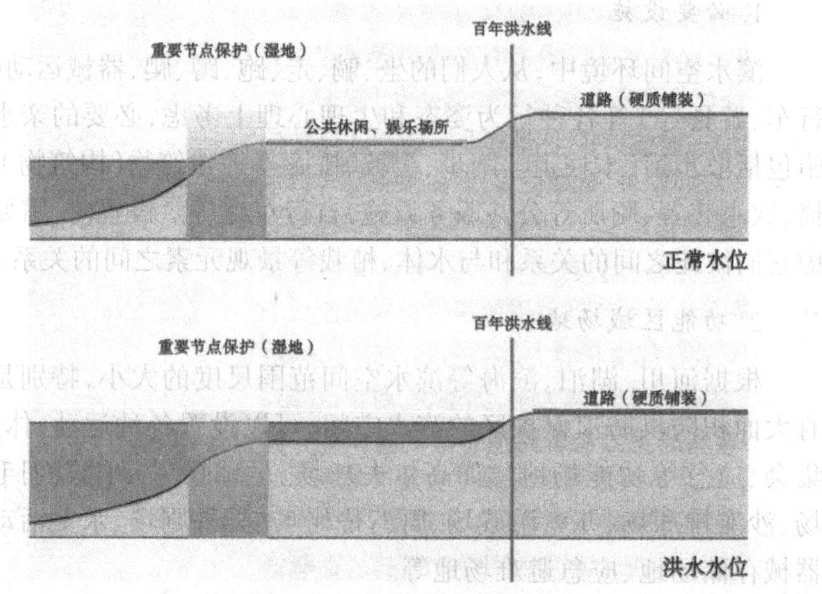

图 5-7 防洪设防示意

4. 堤岸

为了让城市和乡镇的居民不因潮汐、洪水等季节性涨水及突发性涨水而遭受生命和财产上的损失,应在水域附近修建堤岸,这也是防止洪涝灾害的重要防线。堤岸的断面设计通常都呈下层大上层小的梯形,在大的河川和湖泊附近修建的堤岸一般都较为宽大,堤岸的顶部可以设计成道路,用于自行车等非机动车的车道、跑步用道路或者应急用道路。平时为居民的体育运动提供场所,灾害发生时可作为应急之所。

5. 堤岸外缘区

堤岸外缘区一般都不修建高质量的景观,在这些区域内可以修建一些用于生态保护的设施。同时,为了配合滨水区域开展亲水活动,可以用于活动配套设施的建设,如建成停车场或者安排一些小型的商业区等。

（四）亲水场地设施

1. 必要设施

滨水空间环境中，从人们的坐、躺、走、跑、蹲、爬、器械运动（自行车、游具等）等各种行为姿态和生理心理上考虑，必要的亲水设施包括散步道（木栈道）、踏步、缓坡、桥廊亭等建筑物（构筑物），座椅、饮水装置、厕所等公共服务设施，自行车道等。设置时，需要考虑它们彼此之间的关系和与水体、植栽等景观元素之间的关系。

2. 功能区域场地

根据河川、湖泊、滨海等滨水空间范围尺度的大小，特别是拥有大面积防洪防浪保护区的滨水空间，可以设置各种运动、休憩、集会、应急等功能场地。如高尔夫球场、足球场、棒球场、羽毛球场、沙滩排球场、儿童游戏场、野营烧烤场、野外剧场、水上活动的器械存储场地、应急避难场地等。

3. 附属设施

人们在滨水空间较长时间滞留参加各种运动和活动，特别是兼顾旅游功能的滨水地区，必然有购物、餐饮、停车等需求。可以根据滨水空间的实际功能定位，设置一定数量的附属设施。但是，附属设施应考虑到防洪防浪的要求，在防洪防浪保护区内不应大量设置建筑物、构筑物和硬质铺装。可以结合堤岸的顶部高处设置餐饮和购物设施，获得良好的景观视野，也可以在堤岸外缘的保护区域内设置小规模的停车场。

二、亲水设施的规划

（一）规划目的和重点

1. 规划目的

充分利用滨水空间的自然环境和历史人文环境条件，挖掘河川、湖泊、滨海等滨水空间核心魅力和价值,建立一些有特色的亲水设施来开展亲水活动,并且保持这些亲水设施与周边环境的氛围相融合,为民众提供公共的、开放式的休闲娱乐空间。

2. 规划重点

通过调查研究,分析和发掘滨水空间的魅力,找到与主要景观特征相适应的规划途径。积极推动开展与亲水活动相关的民众休闲及体育娱乐活动,制定向公众开放的滨水空间的开发建设规划。使城市的绿化系统更加完善,提供城市应急避难空间。

(二)亲水设施规划步骤

1. 调查研究,发掘滨水空间的魅力价值

第一,调查河川、湖泊、滨海的自然环境和所在区域历史人文环境特征。自然环境特征中包含两种特征,即水体的基本物理特征和景观特征。我们可以通过调查研究,发掘滨水空间的主要景观特征。

水体基本物理特征涉及水体平面形态、河床坡度、材料构成、水岸关系的横断面、纵向断立面、水流水速及对岸边的水流冲刷的影响,潮汐发生的规律、洪水及其水位等。上述的水文条件决定着如何设计亲水设施的功能、位置,如何开展水文安全的教育和宣传等。

历史人文条件涉及当地河川、湖泊、滨海地区的历史典故、传统文化节日和风俗、民族服饰和色彩、传统民居建筑物和构造物等可利用的景观元素。

第二,使用者和潜在使用者的使用意识调查。把握亲水活动使用现状、使用目的和理由,以及对将来使用的期望,为制定亲水设施的建设规划提供可靠依据。

第三,要组织当地相关领域的专家来征求意见和建议,如动植物专家、历史专家、规划设计专家、教育专家、水利专家、生态环境专家等。

第四，调查分析上位规划的控制性条件，比如绿地景观规划、水利防洪规划、城市应急避难体系规划等。

第五，咨询行政主管部门和相关民间团体的意见，考虑对今后维护管理方面的利弊。

2. 亲水活动概念的提出

在滨水空间调查和研究的基础之上，对相关的数据和资料进行整理分析，形成亲水设施建设核心规划的相关概念。

确定设置何种类型的亲水活动，明确亲水活动相关场所的建设位置。

制定亲水设施规划时应遵循以下原则：要对滨水空间原有的生态环境特征给予充分的尊重，既要利于开展亲水活动，又要兼顾环境保护的原则；在制定亲水设施规划时要保持一定的空间性和自由度，既要满足常规性的亲水活动需要，又要兼顾临时性亲水活动的需要；建设规划要考虑人们感官上的感受，既要具备观赏价值，又要兼顾亲水活动的游戏性和趣味性；亲水设施要保证配置上的合理性，还要兼具便利性、安全性以及舒适性。考虑滨水空间特殊的环境要求，重视防洪安全和避难状态应急的原则。

3. 亲水设施总平面规划

在对滨水空间进行设计规划时，亲水设施的规划是其中的重点，这对滨水空间的整体形象以及区域景观特点的形成有着重要的影响（图 5-8，图 5-9）。

图 5-8 是昌黎黄金海岸规划设计的一部分。规划需要考虑交通路径组织、功能区域和各种设施的位置关系、植物等各种因素。

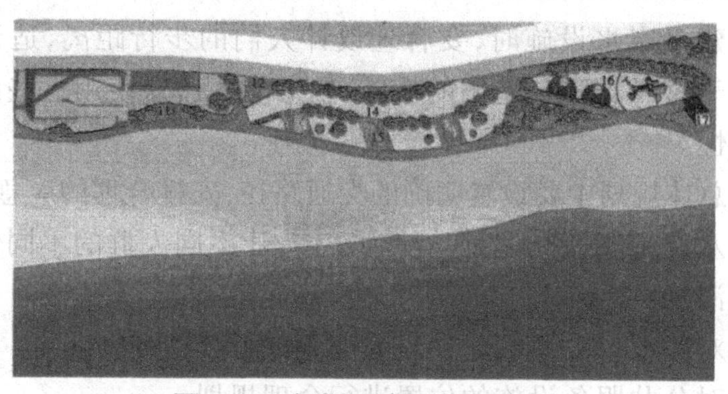

图 5-8　规划示意图(平面图)

图 5-9 说明:滨水空间规划设计时,可以根据不同位置的坡度状况画出剖面图,分析和设立高程。

图 5-9　规划示意图(剖面图)

在对亲水设施的总体平面进行布置时,要对其位置的合理性以及设施间的关联性进行充分考虑,可以借助散步通道以及栈道来加以连接,保持其整体性。

在对亲水设施进行布置时,还要充分考虑当地生物群落的生态性,尤其是做好对水体内植物以及附近珍稀动物的保护措施。

在进行亲水设施的规划和建设时,要继承和保护滨水空间原有的文化历史内涵,尤其是在改造和利用原本建有历史性建筑的滨水空间时,更要做好文化的传承和保护工作,要对原有的建筑和设施进行修复和改造,新增的亲水活动不能对原有文化设施造成破坏。

在建设亲水设施时,要合理设计人们的步行距离,适当设置一些用于避风、避雨、遮阳的设施,要考虑到民众使用这些设施时的舒适性。

在总体规划中要设置明确的交通路径,安排合理的应急路线。

亲水设施要兼具多种功能为一体,让不同人群的不同使用需求得到满足。

要对停车场以及商业设施的位置进行合理规划。

要对公共服务设施的位置进行合理规划。

4. 公开征集民众的意见

不同城镇的生活方式和风俗习惯也会不同,生产性城镇和消费性城镇的时间消费、物质消费模式也有很大的差异。因此,充分了解把握民众的生活与消费方式,也直接影响亲水活动和亲水设施的使用效果。

在调研阶段及亲水设施规划阶段,应广泛地调查当地民众的使用意识和目的理由,接受当地民众的建议,并将之充分反映到规划当中。

5. 相应管理维护方式的建议

滨水空间的规划和使用涉及面比较广,比如水利运输、防洪防汛、生态保护、亲水活动等,政府管理部门及民众都会涉及其中,因此规划设计方有必要对今后的管理结构和管理方式提出建议,特别是针对常态的生态环境保护和亲水设施管理方面,并在规划设计当中体现管理理念。

表 5-3 说明:环境魅力是延长适宜步行距离的最佳方法。综合而言最适宜的步行距离为 250 ~ 300 米。

表 5-3　各国关于舒适步行距离的统计[①]

国家	环境条件	舒适距离范围(米)	
		天气晴好时	天气不好时
瑞典	普通道路	400	200
	富有魅力的公园绿地	520 ~ 600	
	富有特殊魅力的步道	1500	
	具有遮阳遮雨功能的有魅力的步道	750	375
	毫无环境魅力的、封闭的道路	180	
瑞士	舒适轻松的环境	300	
	不舒适、不愉快的环境	100	
日本	大城市中心区	230	
	大城市区	328	
	中小城市区	334	
	郊县区	488	
平均距离：300			

三、亲水设施设计

（一）水边际设计

在进行水边际设计时，需结合滨湖、滨河等不同亲水活动自身的特性，来构建不同形式的安全亲水活动场地，比如缓坡面、阶梯状等。

在进行水边际设计时，必须尊重滨水边际的自然属性，在维持自然生态环境平衡的基础上，设计出安全的亲水活动场地。此外，相应的配套设施也应遵守安全、舒适、美观等原则。

（二）运动设施设计

防洪防浪保护区内以及堤岸外缘的保护区内是运动设施建

① 根据《滨水地区亲水设施规划设计》资料整理。

设的最佳场地，并结合实际尺度，选定合适位置以及合理的数量。

运动场地一般有具体设计规范，例如网球场标准规范规定，球场的长边为 23.77 米，短边为 10.97 米，与周围围栏的间距长边为 3.7 ～ 6 米，短边为 6.5 ～ 8 米。同时，若两个球场长边并列排布时，两者间距为 5 ～ 7.5 米。但是考虑到滨水空间主要是满足居民观赏、休闲以及日常活动的需求，因此为营造娱乐氛围，提高居民的参与度，某些运动场地应以小型化为主。

通常，运动场地不需要屋顶、围栏以及支架等，但是要保持运动场地的宽阔性与平整性。

一般情况下，是在滨水边际距堤岸 5 米以外的地方设置运动设施以及集会场所。

（三）公共服务设施设计

座椅、厕所、废物箱等是亲水活动场地必备的公共服务设施，而座椅和废物箱更是休息区内不可缺少的公共设施。其中座椅的数量以及位置的设置需满足人们观景的需求，同时考虑到阴雨天气的影响，还可将座椅设置于亭子、栈道等空间中，以保证座椅的实用性和舒适性。

出于培养民众保护环境的良好习惯，通常会通过控制废物箱的数量以鼓励民众自行带回所产生的垃圾，只在休息区、运动设施集中区以及主要出入口设置废物箱。

四、滨水空间和亲水设施安全管理

（一）滨水空间的管理机构组织框架

滨水空间和亲水设施的管理机构由三部分构成，即民间管理机构、专业水务行政机构以及专职管理机构，彼此之间各有职责，统一指挥，分工协作，彼此配合。

常设专职管理机构是指滨水空间的专职机构，也是首要负责人。整个滨水空间的管理以及设施维护都由其负责，包括组织各种形式的亲水活动以及亲水活动规章制度的制定等，同时还要确保亲水设施以及适用人群的安全性问题。

水资源调配、水源安全、堤坝安全等工作主要由专业水务行政管理机构负责。

滨水空间和亲水设施的主要使用者为当地的民众，当地民众近距离、经常性使用亲水设施，自然会对亲水设施产生亲切感和依赖性，亲水设施是日常生活不可缺少的组成部分。因此，应充分发挥民间管理机构、居委会基层组织等一些民间非盈利性组织的基层管理功能，对滨水空间以及亲水设施的管理进行有效地辅助，会起到很好的常态管理效益。

（二）亲水设施的管理维护

由于滨水空间受自然因素的影响很大，水位变化易造成使用上的困难，并有可能带来安全隐患。因此，必须把常态管理维护和应急管理结合起来，做到防患于未然。

1. 日常维护管理

日常维护管理包括亲水设施的维护管理以及公共服务设施的维护管理。

（1）堤岸护坡

水涨水落和潮汐现象使得水位在一定范围内起伏变化，水流不断冲刷堤岸护坡，造成湿润的小环境，容易滋生藻类、苔藓等植物，对人工硬质堤岸护坡有一定损害作用。特别是对于那些踏步型亲水堤岸，走上去会很容易滑倒，造成安全隐患，需要及时清除。

此外，水流或者潮汐会带来很多淤泥、砂石、树木残枝、动物尸体和垃圾，既影响美观，又会堆积在堤岸护坡附近造成安全隐患。同时，由于个别人的一些不文明行为，如不及时清理宠物的粪便、随地丢弃的废物以及鱼钩鱼线、刀具等危险物品，容易造成人身伤害。需要在日常巡视中，及时发现并清除。

(2)散步道

散步道是亲水设施的重要组成部分，也是人们亲水活动频繁使用的设施之一。特别是水边际的木质散步栈道，既是人们休闲散步之处，也是人们观赏水景、接触水体的重要设施。

散步道还有砂石类、混凝土类等，但是不论对哪种类型的散步道而言，都会受涨水的影响而导致垃圾、杂草横生，造成亲水设施的使用障碍和危险。此外，路两边生长的繁茂的草本植物遮挡住了水陆分割边际，极易使人滑倒甚至落入水中，为民众带来极大的安全隐患。

(3)功能设施

滨水空间的运动型、儿童游戏型等各类功能设计也容易受到潮湿、涨水等的危害。例如，靠近自然水边际线的运动场地，受到水流对岸边泥土的冲刷形成基地疏松，甚至塌陷。另外，设置的球架、游具、座椅等也易因松动、锈蚀而影响使用，需要及时更换，或者防腐更新。

(4)公共服务设施

滨水空间人流量大，日照强烈，风大，因此公共设施的损耗比别的地方要高，要经常性维护管理，保证设施的正常使用。

2. 水害的对应管理

(1)涨水阶段

根据设防洪水位线以及警戒水位线来初步判断水位是否正常，一旦达到这两个水位线就有可能危及防泄洪区域以及亲水设施。因此，需从以下几个方面做好应对措施：第一，要争取第一时间向上级部门或专业部门通报洪水险情，在专业指导下对洪水的伤害等级进行预估；第二，停止亲水活动的开展以及拆除一些可移动的亲水设施，降低对下游桥梁、船舶、码头等的伤害程度；第三，当洪水等级危及堤坝安全时，需及时有序地组织周边居民撤离，以保证他们的人身安全。

（2）洪水阶段

当洪水越堤而淹没防洪区域，危及到滨水空间时，就需要及时让民众了解当前洪灾情况，做好自我安全保护，同时加大巡视工作力度，严禁民众在岸边钓鱼、摄影等。

（3）退水阶段

到退水阶段时，水位会逐渐恢复到正常位置，堤坎经过洪水浸泡后，不可避免的会产生潜在危险，需要加强巡视以及时掌握危险状况的可能发生性，同时做好禁止标识工作，以确保民众的人身安全。

此外，对亲水设施的损害程度进行统一评估，提前做好修复的准备工作。

（4）后期阶段

当水位恢复正常后，就需要进行后期的修复与规整工作，首先对洪水造成的损失程度进行评估，包括亲水设施的损害、植被的伤害以及滨水空间各种功能的损失等，然后根据评估结果进行有针对性的修复。及时清理道路、堤岸护坡以及栈道的淤泥、砂石，确保道路的通畅；重新种植或更换被洪水冲毁以及死亡的草木植被；对可能发生倒塌、松动的设施用围挡将其围住，并及时进行调整与维修；对拆除的设施进行重新安装。在修复好所有的损失后，必须要检测亲水设施的安全性，在确保其安全后，才能重新对外开放。

3. 地震等其他灾害时的应急管理

当发生地震等自然灾害时，城市中由于建筑密度和人口密度较高，很难寻找空地进行救治和安排临时居住。滨水空间由于接近水源，又有相对宽敞的空间，适宜作为避难场所。应及时拆除部分活动和临时亲水设施，对滨水空间场地进行重新划分，解决临时交通体系；应确保搭建的临时居住设施远离水陆边际和鸟类、鱼虫等动植物栖息聚集地，避免水患等二次损害，确保自身的安全。

（三）亲水空间的植被维护

植物有着自身的生长规律，只要遵循其生长规律，进行必要的修剪、施肥、防治病虫害即可。植物维护是常年的、持久的，并且应根据不同的季节和病虫害进行调整。例如，夏季过后植物将逐步进入冬眠期，此时追肥会导致植物吸收养分过多，生长过快，新生枝条、枝干由于未成熟，很难抵御严冬干旱和寒冷，容易产生冻伤，造成植物枯死或影响树形姿态。

除了季节因素以外，施肥和用药除害还需要适度，否则不仅会伤害植被，也会污染水体，甚至误伤其他有益物种，破坏生态平衡。

（四）安全信息管理

安全信息管理需要本着及时、准确、详尽的原则，并兼顾教育宣传和奖罚分明的功能。

1. 亲水设施的使用信息

亲水设施的使用信息包括：①介绍亲水设施的使用方式。②介绍亲水设施预约、费用和奖惩制度。③集会、临时文化娱乐活动、传统节日活动等信息发布。④宣传介绍河川、湖泊、海滨的历史文化、典故等的主题情报。⑤宣传介绍河川、湖泊、海滨的水域基本情报。⑥出版简易宣传手册，宣传、介绍以上基本信息，扩大宣传效果。

2. 安全信息的宣传教育

防止滨水空间的安全事故是安全信息宣传教育的重点，应该通过醒目的标识和文字提示、教育与宣传相结合（特别是针对儿童和青少年的安全教育）、必要的防护措施和惩罚措施来贯彻实施。主要通过以下措施来落实。

第一，通过引导标识、提示说明标识和警示标识规避危险、提高防范意识。

第二，通过宣传册和文字图示标牌，使大众了解亲水设施的使用规范和使用不当的潜在危险，宣传河川、湖泊和滨海的水域特点。

第三，教育宣传遇险自救方法，呼救设备和救生设备使用方法。

第四，加强对钓鱼爱好者、游泳爱好者等特殊使用群体的安全教育。

第五，加强对儿童、青少年、老年人的安全意识教育。

第六章 滨水景观设计的实例解析

由于滨水区所处地块的特殊性，使其成了稀缺且优美的城市景观资源。滨水空间是城市景观的主要组成部分，也是人类喜爱的居住之所。世界各国城市中有许多成功的滨水区设计实例，尤其是国外城市滨水规划和设计的方法更加完善。本章便对中外滨水景观设计的实例进行解析。

第一节 中国滨水景观设计实例解析

一、西溪国家湿地公园

西溪国家湿地公园位于杭州西湖区的西部，具有悠久的历史，曾经是一片原生态的低洼湿地，在经历了千年的渔耕开发后，形成了以大量鱼塘为主、辅以面积较大的洲渚的湿地类型，当地居民的交通则依赖大小港汊和狭窄的塘基，形成桑基鱼塘的平原湿地景观。随着杭州城市的扩张尤其是绕城高速的修建，西溪用地逐渐被侵蚀，鱼塘、河流被填平以修建城市道路、居住社区。同时，西溪内的农村聚落日益膨胀，建筑密度和村落尺度迅速加大，村镇企业规模扩大，使得生产和生活污水排放超出了湿地的水质净化能力，西溪因此出现了富营养化的水质问题，湿地生物栖息地也受到严重影响。

2003 年，西溪国家湿地公园的规划设计工作开始进行，规划总面积 10.08 千米^2，定位为“杭州绿地生态系统的重要组成部分，以保护区域的生态环境、改善湿地公园的水质状况为根本立足点，同时恢复其清雅秀丽的自然景观、底蕴深厚的历史人文景观”①。

水系统保护是湿地恢复的关键。规划首先保障西溪湿地水资源总量，其次恢复水体自净能力，包括恢复和保持水体的生态属性，如利用竖向和水闸等保持水体流动和高低水位周期性变化以及滞洪过程；恢复和保持现有池塘、河道水陆边界的生态属性，如滨水岸线处理、护岸以及滨水植被等（图 6-1）；加强池塘水质的生态修复；完善西溪水生和陆生植被等（图 6-2）。再次是严格控制区域内使水体恶化的各种污染源，包括居民社会调控，如降低地区居民数量、改善土地利用和农业经营方式等。最后是限制通航，严格控制机动船的数量、速度，鼓励传统的手划木船，以减少航运污染。

图 6-1　西溪国家湿地公园绿色水岸

根据生态结构、历史保护和旅游发展的要求，西溪湿地公园被划分为 5 个功能区：湿地生态养育区、民俗文化展示区、秋雪庵湿地文化区、曲水庵湿地景观区、湿地自然景观区。从功能分区的内容可见，西溪湿地公园内容较为广泛，涉及湿地生态、历史

① 杭州园林设计院．杭州西溪国家湿地公园总体规划规划说明 [Z]. 杭州：杭州园林设计院，2004.

文化等多方面的内容,项目具有较强的综合特征。它承担着保护自然与文化遗产以及进行科学研究、科普教育、发展旅游四大任务。西溪湿地公园建成之后,自然环境得到了极大改善,受到广大市民的热烈欢迎,游客也络绎不绝,其生态效应和社会效应是有目共睹的(图 6-3,图 6-4)。

图 6-2　西溪国家湿地公园的水生和陆生植被

图 6-3　西溪国家湿地公园的居民区

图 6-4 西溪国家湿地公园的茶馆

二、杭州西湖湖滨规划

在城市规划中，滨水空间常常被规划为一个区域活动的中心，但具有讽刺意味的是，有时会因为滨水空间和城市缺乏关联而沦为一片简单的条形绿地带，甚至会因为可达性差、功能单一而被边缘化。杭州西湖东部湖滨是一条长达几千米的绿带，平均宽度在60米左右，20世纪80年代随着西湖环湖绿地的建设而形成，湖滨绿带根据自身特色划分为若干景区，并以环湖滨水步道沟通各个部分。绿带和城市湖滨区块的分界是双向四车道的湖滨路。湖滨区块是杭州重要的商业、旅游区域，人流量较大，旅游服务设施较多。湖滨绿带作为城市与西湖风景区的交界面，理应是整个杭州滨湖区块最具有城市生活气息的地块。但是由于当时规划设计条件有限，交通、市政、园林、建筑等各部分缺乏协调性，各自为政，整体布局未能充分考虑城市和西湖的交界，未能使建成区和湖岸有清晰的视觉和空间互动关系，城市和西湖未能相互渗透，其本质按照亚历山大的说法，绿地和滨湖区域彼此缺乏有力和重叠的联系，失败在于其对纯粹、分离和讲求秩序的土地利用功能分区的倡导。

2002年左右，SWA景观设计公司主持了占地1千米^{2}的杭州西湖湖滨地区规划，并进行了湖滨地区商贸旅游特色街区一期工程的设计。SWA景观设计团队从交通整治入手，即增加湖滨绿带的可达性，一方面在距离湖滨40米处的湖底挖掘一条四车道、1.5千米长的湖底隧道，将轿车交通全部迁入隧道，承担了过境交通，原有的四车道湖滨路改为多功能的步行街，形成了650米长、40米宽的林荫公园、滨水开放空间和步行街(图6-5)。[①]另一方面，根据原有东西方向的道路，理顺湖滨地区进入滨湖绿带的步行通道，并将部分通道扩大为节点广场，增加西湖和湖滨街区的视线通廊(图6-6)。第三方面，湖滨区与西湖之间的道路则整改为慢车道和单行线，人车混流。虽然这些道路多基于原有的线形，但通过车道数、车速限制、交通灯的布置及景观设计而对形象特征进行了整体塑造。

图6-5 西湖湖滨景象

① SWA景观设计事务所.杭州湖滨步行街和商业街区总体规划[J].风景园林特刊，2009(3).

图 6–6　西湖和湖滨街区的通廊

城市道路的调整对湖滨区块的交通、城市形态产生了巨大影响。区域间的联系对于创造生机勃勃的环境极为重要，这些道路、节点空间为湖滨区域重新定义了边缘和中心。湖滨区块各个街区多为商业、旅游服务用地，整治规划把用地进一步分割，用地尺度减小，各种功能混杂糅合（图 6–7），大尺度的建筑也被填充进不同类型的使用方式。游客和市民可以比较自由地穿越湖滨绿带和湖滨商业、服务区块，可以自由地散步、餐饮、逛街、购物、娱乐、休闲（图 6–8）。

图 6–7　各种功能混杂糅合

图 6-8 湖滨的购物、娱乐、休闲

SWA 景观设计团队另一个重要的设计便是把西湖湖水引入湖滨地区而设计的城市溪流(图 6-9,图 6-10)。城市溪流蜿蜒曲折,沿途设置了小瀑布、喷泉等,串联起各式各样的建筑、庭院和广场,把城市溪流景观带和西湖湖滨形成视觉和形式上的统一。

图 6-9 建筑内溪流(一)

图 6-10 建筑内溪流(二)

三、唐山环城水利建设

唐山作为北方工业重镇,早在 2001 年就邀请曾做过德国鲁尔工业区改造的彼得·拉茨为唐山南湖做了一轮城市更新规划设计。到了 2008 年,随着国家倡导重工业城市、重污染城市以及资源型城市改造与转型,唐山市作为一个典型案例邀请了北京清华城市规划设计研究院、德国意厦国际城市规划设计有限公司以及中国城市规划设计研究院和美国龙安集团四家公司参加了新一轮的方案设计,最终北京清华城市规划设计研究院的方案获选通过。此方案在彼得·拉茨 2001 年的方案基础上做了重大调整,融入具有中国特色的一些设计。最终通过近 8 年的建设,借力 2016 年唐山世界园艺博览会的契机,作为整体成果推出。

整个唐山南湖改造规划建设大体经历了三个阶段。第一阶段是唐山南湖整体的生态资源改造,迁走大量的煤矿,移走 600 万吨的煤矸石和粉煤灰,彻底改变湖水的水质,同时通过矿业疏干水以及河北下游的农业灌溉用水的综合协调,完成了水系的储水以及保水等方面的生态目标。这一阶段创造了南湖在城市水改造方面的奇迹，不仅保证了20余千米^{2}的湖区用水，同时还产生大量多余的矿业疏干水。第二阶段是从2011年开始，更好地利用了第一阶段多余矿业疏干水以及河北下游的农业灌溉用水，启动了环城水系规划，打造了长达30多千米环绕全城的河湖水系。第三阶段，也就是从整个唐山城市水系经过翻天覆地的改造之后，在此基础上利用大型城市活动——2016年唐山世界园艺博览会，从根本上一次性提升了唐山南部地区的生态质量，使城市环境发展得到了质的飞跃。

唐山市环城水系是由陡河、青龙河、李各庄河、新开河、南湖、东湖、西湖组成的河河相连及河湖相通、大小不一的水循环体系，形成环绕中心城区的长约57千米的环城水系。水源包括陡河、区域雨水、城市中水。环城水系的建设，对改善该市整体生态环境和推动城市改造、发展经济具有重大意义。环城水系建成后，将拥有13千米^{2}的蓄水面积，使市区120千米^{2}的范围处在滨水或近水区域，使唐山真正成为“城在水中”“水清、岸绿、景美、人水和谐”的山水生态城市。

随着南湖公园区的建设，南湖公园的景观和生态功能凸显，为两侧用地的整体价值提升带来新的契机。区段内的南湖创意园城市节点规划延续了公园的生态湿地功能，以水体分隔地块成若干小区域，建筑与水景相融相生（图6-11）。

图6-11　唐山南湖鸟瞰图

唐山环湖水系的规划将城市与自然一体化,其中南湖生态主题公园、弯道山陶瓷主题公园、启新水泥厂近代工业博物馆、站前广场等景观的提升改造推动了唐山旅游等第三产业的发展,加大了政府对当地重工业企业的管理力度,提高了市场经济多元化,促进了剩余劳动力的就业,增加了市民收入,丰富了市民的精神生活,提升了百姓的幸福指数,使环城水系成为一条生态景观、休闲旅游、文化展示、产业升级的环城带系,也使唐山成为一座城中有山、环城是水、山水相依、水绿交融的宜居生态城市(图 6–12,图 6–13)。

图 6–12　唐山南湖公园热带植物馆

图 6–13　唐山南湖公园航拍

2016 年唐山世界园艺博览会会址位于南湖,本届世园会以"城市与自然、凤凰涅槃"为主题,目标是打造成一场精彩、难忘、永不落幕的世园会。本届世园会首次利用采煤塌陷地举办展会,设计以突出唐山南湖地区的历史、遗迹、地质等特色，结合植物及花卉展示，在整个景观中融入对水质处理、垃圾山安保措施、粉煤灰山生态修复及资源化利用解决的成果，凸显生态治理恢复重建的特色（图 6-14 至图 6-16）。

图 6-14　唐山世博园夜景

图 6-15　唐山世博园之杭州园

图 6-16　唐山世博园之武汉园

四、上海外滩滨水区城市设计

外滩滨水区是上海市最具标志性的城市景观区域,同时也是城市中心最重要的公共活动场所之一。但外滩大部分滨水空间被城市快速机动交通所占用,存在公共活动空间局促、舒适性较差和外滩历史建筑未得到充分展示等问题。2010 年上海世博会的举办,对黄浦江两岸的公共空间和环境建设提出了更高的要求。外滩地区的城市公共活动功能有待进一步提升,现有的滨水空间环境亟须改善。

正在建设的外滩地下通道用以疏导过境交通,使地面交通压力得以缓解,进而减少地面车道数量,使外滩地区滨江环境的建设获得更为充分的空间,为改善外滩环境、重塑外滩功能、重现外滩风貌,提供了极好的机遇。为了提升外滩滨水区空间环境品质,迎接世博会的召开,以外滩地下通道的实施为契机,规划对北起苏州河口,南至十六铺水上旅游中心北侧,岸线总长度约 1.8 千米的外滩滨水区域进行综合改造(图 6-17)。

图 6-17 上海外滩滨水区夜景

在设计构思中,针对外滩的特殊情况和限制条件,努力寻求解决问题的良策。充分借鉴了国外滨水区建设的经验,汲取了从国际方案中征集的灵感,以充分发挥该地区独一无二的优势

（图 6–18）。

图 6–18　上海外滩滨水区规划总平面图

五、苏州环古城河滨水改造景观

苏州位于长江三角洲东南部，历史悠久。公元前 514 年，伍子胥造周 47 里之大城，2 500 多年来城址未曾变更。如今苏州市成为国家历史文化名城和重要的风景旅游城市，是长江三角洲重要的中心城市之一，是最适宜人居的国家园林城市之一。

近年来，为了达到古城保护和城市开发发展的多重目标，苏州市政府聘请了国内外著名规划专家进行研讨，最终确立了“分散组团式”城市发展和保护格局，即形成古城居中，东西园区、南景北廊、多中心、开敞的城市格局。采用类似九宫格的城市结构，十字形的城市形态，以古城中心和城市商务中心区为城市主中心的多中心城市结构，同时填入四角山水的城市格局，四角山水规划为苏州的生态绿地空间，可作为旅游发展用地和城市休闲空间。

环古城风光带滨水景观则是这个九宫格局、四角山水的中心枢纽，因此自 2002 年起，聘请了国内多家著名设计单位对环古城带进行具体的规划和设计，经无数优秀设计人员的智慧和多家一流园林施工队伍的努力，恢复和造就了目前该景观带的秀丽风景。环古城风光带的核心内容有二：一是古城墙的保护。该项工作总体上是象征性的，即重点地段进行强化，维持心理意象的完整。二是水系的改造。环古城水系整体结构的改造坚持“水陆双行，城垣延绵，门内蓄、景外张”的原则（图 6-19 至图 6-21）。

图 6-19 南门桥近景

图 6-20 新、老觅渡桥

图 6-21　环古城健步道

该景观是滨水景观类设计中的一个综合性景观，涉及旅游区风景规划，文物、文化保护，沿河的土地开发利用及水体、水质的维护等，内容庞杂。

第二节　外国滨水景观设计实例解析

一、日本横滨市 21 世纪未来港

横滨是日本的第二大城市，位于东京西南，历史上长期处在服务于东京的地位。它东临东京湾，也是世界上有名的滨海城市。横滨在 19 世纪 50 年代后逐渐发展成为一个开放贸易口岸，人口和城市规模一度扩张，城市景观设计也越来越受到重视（图 6-22）。

二战结束后，日本的经济进入高速增长期，但随着 20 世纪 70 年代能源危机的侵袭，日本的经济逐渐转入了调整阶段。现代航空业和铁路行业的不断发展，使长时间内作为主要运输中心的水运港口失去了以往的统治地位，造成滨水区大片的工业或港口用地被废弃。像横滨这样的港口城市更需采取措施应对这一系列新的变化。从 20 世纪 70 年代开始，横滨完善了城市设计制度，对城市空间，尤其是滨水区的现状进行了一系列的规划改造

工作。20 世纪 80 年代后，日本兴起了城市再开发项目，仅在东京湾就有几十个大型的填海开发项目出现，其中 21 世纪未来港是日本最成功的一个滨水区开发设计。

图 6-22　横滨 21 世纪未来港夜景

21 世纪未来港位于内港地区，总占地面积为 18 600 米^2，曾是以物流、生产功能为主的三菱重工的码头用地。20 世纪 70 年代后，随着码头功能的完全退化，市政府与三菱重工达成拆迁三菱码头的协议。1983 年三菱重工业厂等搬迁，遗留的空地和周围填海增加的土地后来都被整合到该港口的用地计划中。1984 年成立了横滨 21 世纪未来港公司，作为公共部门和私营企业之间的第三方，与他们共同负责整个项目的规划和开发（图 6-23）。

图 6-23　横滨 21 世纪未来港的地标性建筑

21 世纪未来港的规划理念是将该港口改建为一座先进的信

息化"城市",并且具有休闲功能和历史文化色彩。因此,1983年确定的规划方案是在形态上以方格形路网和街区为主进行组织设计,在大部分街区设置以高层建筑为主导的商业建筑群,另外还规划了公共空间和公共建筑用地。在沿海滨地带设计了城市公园,与区内的步行绿地共同形成绿带,包围着商务区。21世纪未来港主要以三条轴线为框架,由一系列公共空间组成整个城市的空间结构。这三条轴线是两纵一横的线性步行景观带,分别被称为皇帝轴线、皇后轴线和大摩尔轴线。三条轴线成为港区的规划框架,也是重要的交通步行系统,贯穿了整个城市的商业区和公共空间。

21世纪未来港充分利用海滨的自然条件和海港的历史元素,兼顾社会、经济、文化发展等多种要素进行规划开发,成为日本第一个成功贯彻了规划天际线的城市滨水设计项目。它的设计方法为着重控制一个总体的景象,并指定作为地标的塔楼的位置,与一般的规划方法有着明显的区别。这次规划将海景因素作为重要的考虑对象,在建筑物高度的设计上采用越靠海面越低的方式,形成了独特的景观。同时,当通向海面的街道越靠近海面时,两旁建筑物的沿街面退界就越多。这样才能使人们驱车向海滨行驶的过程中,在眼前出现一个连续展开的景象(图6-24)。

图6-24　海滨步行道

21世纪未来港为了突出城市的整体景观，考虑到了建筑物的颜色和质感。城市建筑物以亮白色为主体，另外采用的棕色、乳白色和灰色则有一定的波动范围，整体色彩统一和谐，突出了宁静港湾的特色。除了个别的标志和装饰外，被限制不准使用原色。对室外广告物的设置也有着一定的规范，从而保持了城市景观的整体性，城市更具凝聚力。日本21世纪未来港具有明确的定位和发展框架，充分利用了现有的自然和历史资源，创造了极富特色的新型海港的城市形象。

二、萨缪尔·德·尚普兰滨水长廊

萨缪尔·德·尚普兰滨水长廊是将一处被人遗忘的工业废墟打造成休闲型的公共自然空间，重新焕发了圣劳伦斯河岸这一城市入口地区的生命力。

该滨水长廊长2.5千米，包括一个连续不断的滨河散步道和四个主题公园。每一个景观细节都捕捉到当地海岸环境中富有诗意的材料和质感，并将其放大。景观小品的设置反映了薄雾、海风和海水所带来的感官愉悦以及对船坞区的记忆（图6–25）。

图6–25 萨缪尔·德·尚普兰滨水长廊

该项目所使用的材料包括鹅卵石、木质材料、柯尔顿耐腐蚀钢质门槛和本地生植物，从而营造出丰富的气氛和质感，雾气缭绕、阴影变换、光线柔和、水波荡漾。这四个主题花园通过单车道和散步道相连，形成整个项目的主体，与四周的绿色潮汐相互融合(图 6-26,图 6-27)。

图 6-26　霍姆斯码头

图 6-27　滨水长廊的层次肌理

该项目专门定制的城市设施保持了海事和海港遗址的简单性以及地方特色。座椅和灯光的线性韵律与自由摆放的设施相得益彰,点缀着整个滨水长廊的景观,宛如绿色海洋中的一叶扁舟。

该项目最大的贡献在于恢复了沿海地区丰富而独特的生态系统,并使该地区重新成为一处公共活动空间(图 6-28,图 6-29)。

图 6-28　温茨码头风力发电结构

图 6-29　弗洛茨码头喷泉形成的水墙

三、南港布罗德沃特公园

南港布罗德沃特公园实现了其设计之初的愿景，成为了黄金海岸的地标性门户和备受欢迎的旅游目的地。活动、历史与海水的结合营造出一片活力十足的绿色滨水区。

该设计吸取了自然与城市法则，打造了一处清晰易辨的多功能场所，设计层次如雕塑般富有诗意。该设计大胆采用几何形式来构建主活动空间和循环道路的框架，同时用沙丘地貌和植物围出更多的私密空间(图 6-30)。

图 6-30　水敏感设计

该设计重新引入早被遗忘的历史功能和结构化的社区活动空间，如码头、纪念碑、舞台和淋浴箱，形成适应性极强的框架并增添了许多新用途。宛如条形沙滩浴巾的路面铺装和多彩有趣的海滩式家具设施无不反映了独特的“黄金海岸生活方式”和对海滩的情感体验(图 6-31，图 6-32)。

图 6-31　公园的嬉水区

图 6-32 宽阔的公园道路

然而,该项目对自然环境充满想象力的大胆回应和对布罗德沃特地区的保护才是将这里的社会、文化、历史和物理方面联系在一起的主要原因。通过不同的绿色技术,如水的净化与回收、太阳能发电、原料回收、非饮用水源的使用和沙丘保护。Aecom设计公司建立了一个真正的综合开放空间,为设计公共开放空间设立了新标准,为后代留下了一笔宝贵遗产(图 6-33)。

图 6-33 太阳能电池板的使用

四、糖果沙滩

该项目的设计灵感来源于附近的雷德帕斯糖果厂。徐徐西风常常裹着甜甜的糖果味飘香至此。楔形沙滩上，糖果色的遮阳伞似乎能够散发出糖果的香甜昧，露出地面的岩石也被装点成糖果的样子。为融入未来的滨水长廊和休闲广场，糖果沙滩的设计巧妙地借鉴了多伦多现有景观中常见的设计元素，如沙滩、树木、海水等。设计将其融入城市肌理的同时，也展现出些许城市工业历史的印记(图 6-34)。

图 6-34　糖果沙滩全景

该项目主要包括公共广场、城市沙滩和绿树成荫的休闲散步道，三个独具匠心的公园融为一体，浑然天成。

公园中开阔的广场成了举办各种公共活动的理想场所。一块绘有糖果条纹图案的巨大花岗岩和三个草丘形成了一个多彩的露天剧场，为举办大型活动提供了别具一格的空间和场地。而草丘之间的空间则成了举办小型活动的理想之所(图 6-35)。

沙滩上，白色的穆苏科卡式座椅搭配上活泼的粉红色遮阳伞，让人们可以在此享受惬意的午后时光。动感十足的水景喷泉镶嵌在枫叶造型的花岗岩上，在炎炎夏日为人们营造出阵阵凉爽(图 6-36，图 6-37)。

图 6-35 绘有糖果条纹图案的巨大花岗岩和草丘

图 6-36 人们在沙滩休憩

图 6-37 动感十足的水景喷泉

广场和沙滩之间，一条步道贯穿整个公园。步道上镶嵌的花岗岩和表面光滑的圆石形成枫叶图案。步道两侧排列着茂盛的枫树。沿着绿荫掩映的步道，人们既可以尽情地漫步而行，也可坐下来尽享沙滩美景。同时，公园步道与东部海湾区绵延数千米的滨水长廊和木栈道相连。

五、冲浪者天堂海滨再开发

冲浪者天堂是澳大利亚的地标性游乐场所，适合于不同年龄、不同文化和不同背景的当地人和游客前往度假。人们可以在这里尽情享受阳光和冲浪运动，也可以在附近的商业和零售区游玩。冲浪者天堂海滨的设计目的是根据其地标性特征，让游客体验动感十足的公共滨海散步长廊。

该项目由三个不同的区域组成——城市广场、城市海滩和城市公园。其中城市广场是中心区域，有20米宽的行人散步长廊和自行车道，还有一处供行人和车辆公用的区域。

城市广场区域包含露台、坡道和通往海滩的台阶。沙滩排球场上安装了夜间照明灯，还为观众准备了阶梯式坐席。城市公园区由草坪、大量现存树木、野餐桌、烤肉架、海滩帐篷、海滨市场和街道停车场组成(图6–38，图6–39)。

图6–38　海滩入口处

图 6-39 野餐和烧烤设施

该项目整体设计所遵循的一个主要原则体现在对海滩入口处的设计。在每个街尾,游客可以清晰纵览整个海滩的景色,包括遮蔽塔、洗手间、淋浴站和直接通往海滩的宽阔阶梯和坡道(图6-40,图6-41)。

图 6-40 海滩旁的街道

海滩高塔和观景台坐落在整个散步长廊的前方。所有的海滩高塔和洗手间都挂有巨幅插画,描绘了历史上不同时期冲浪运动的不同场景(图 6-42)。

图 6-41　滨海淋浴站

图 6-42　挂在遮阳结构上的巨幅插画

六、多伦多滨水区

多伦多中央滨水区沿着安大略湖蔓延 3.5 千米，与多伦多的商业中心区有着直接的联系，也是多伦多最有价值的资产之一。但是，尽管有多年的项目规划与开发，这一条长长的海岸线仍不能有效地连接在一起，形成视觉上和形式上的统一。因此，该项目的基本目标在于弥补这一缺陷，为中央滨水区打造连续清晰的设计，使之在建筑上和功能上形成统一。

West 8 景观设计事务所与 DTAH 设计事务所合作，为中央滨水区的开发提出了全面综合的愿景，采用简单而强有力的设计语言克服了现存的视觉干扰，为滨水区营造出互联性和独特性。这个项目的出发点是构建城市活力与滨水区之间联系的桥梁，让公众有更多机会去接触滨水区，项目期望为中央滨水区增加可持续发展的生态“绿色足迹”，为城市丰富的文化锦上添花（图 6-43，图 6-44）。

图 6-43　多伦多滨水景观

图 6-44　水下 LED 灯在夜间营造出超现实的氛围

West 8 景观设计事务所和 DTAH 设计事务所目前正在实施策略化总体规划的第一期工程。其中，士巴丹拿波浪形甲板、西姆科波浪形甲板和里斯波浪形甲板现已完成(图 6-45)。接下来将开始建造一系列木板结构的人行桥、街道景观、开放空间和滨水散步长廊。

图 6-45　波浪形甲板

七、多佛海滨散步道

多佛海滨散步道的设计灵感源自多佛地区统一的建筑语言、海滩上波浪的温和性、海浪拍打着乔治亚滨海露台的节奏性以及多佛白崖的波浪形地势。项目设计了三个“波浪”，与海滨散步道形成新的互动(图 6-46)。

“上升波浪”由重复的雕塑坡道和台阶组成。由白色的预制混凝土制成的台阶上下起伏，将散步道与低处的粗砾海滩相连。“上升波浪”将由小型台阶组成的坡道连接起来，形成一处能捕捉光线的网纹表面。坡道的坡度缓和，适合所有人进出。蜿蜒的坡道线为整个海滩增添了动态因素(图 6-47)。

图 6-46 多佛滨海散步道

图 6-47 “上升波浪”

“休憩波浪”是一条沿着散步道设置的雕塑挡土墙，为海湾空间提供了就座区。坐在这里，游客既可以享受阳光的温暖，又不会受到西南风的侵扰。“休憩波浪”以凹凸的形式来回倾斜，波浪起伏的草坪与挡土墙的弧度一致，是野餐的理想场所（图 6-48）。

“照明波浪”是一排装有艺术品的白色圆柱，与沿海挡土墙和露台的广阔性形成互补，提升了散步道的照明设施和照明秩序。

圆柱沿着散步道上下起伏,宛如海浪到达浪峰时出现的水泡。项目特别采用了互动的低能耗 LED 灯,用以营造一种动态的波浪效果,让人感到在海边的快乐(图 6-49)。

图 6-48 “休憩波浪”

图 6-49 采用低能耗 LED 灯

八、穆鲁拉巴海滩改造工程第二期

普利斯设计集团受黄金海岸委员会委托,为穆鲁拉巴海滩公园的景观建设提供景观和建设方案。该公园的散步长廊与广受欢迎的穆鲁拉巴冲浪俱乐部相邻。附近居民和游客常常来到这个精简小型的海滩公园游玩。项目的设计目的是营造一处充满创意的多功能场所，同时又需要与穆鲁拉巴海滩美景的原有风格保持一致性（图 6-50）。

图 6-50 海滩公园景观

该设计需要捕捉到穆鲁拉巴风格的本质，并对现存层次和植物的融合有灵敏的掌握。项目保留了海岸边的木麻黄属树、露斗树和南洋杉，形成很多树荫，成为项目的主要特征。社区居民和游客对项目提出了不同的使用目的和空间需求。为达到两者之间的平衡，项目详细考虑了小径、烧烤区、草坪、桌子、运动场、沙滩淋浴站和座椅设施的设置（图 6-51，图 6-52）。

图 6-51 入口坡道

根据多功能的原则，该项目力求最大化地开发有限空间的潜能。为保护现存植物，露台设计在植物根部区域的上方，从而保证了特征的连贯性,也保护了那些植物的生长。设计后的空间可以被公众充分使用,不失为一个成功的项目。

图 6–52　落座在绿色空间中的野餐桌

九、斯普利特滨水景观

斯普利特市及其滨水区以其独特的历史特征成为地中海地区最有趣的场所之一。斯普利特水区是一个有着 1 700 年历史的公共空间,目前城市化发展迅速。滨水区位于戴克里先宫之前。该宫殿曾是罗马皇帝的住所。罗马皇宫的建筑模块构成了整个城市的框架并决定了其扩建的方向。同样的,滨水区的规模、材料及其混凝土制模块也决定了该公共空间内其他元素的设计与安装(图 6–53)。

斯普利特滨水区是城市与海洋的交界处。市民们在这个长 250 米、宽 55 米的公共空间里举办各式各样的社会活动:散步、游行、体育活动、宗教游行以及庆祝节日。该项目重新配置空间结构,让市民更融洽地在此举办各类活动。所有的设计元素和设备都是为该项目量身定制,从而满足当地人们的精神与氛围需求(图 6–54)。

图 6-53 斯普利特滨水区全景

图 6-54 遮阳辅助设施

参考文献

[1] 林焰 . 滨水园林景观设计 [M]. 北京：机械工业出版社，2008.

[2] 方慧倩 . 城市滨水景观设计 [M]. 沈阳：辽宁科学技术出版社，2017.

[3] 唐剑 . 现代滨水景观设计 [M]. 沈阳：辽宁科学技术出版社，2007.

[4] 过伟敏，史明 . 城市景观艺术设计 [M]. 南京：东南大学出版社，2011.

[5] 陈六汀 . 滨水景观设计概论 [M]. 武汉：华中科技大学出版社，2012.

[6] 尹安石 . 现代城市滨水景观设计 [M]. 北京：中国林业出版社，2010.

[7] 丁圆 . 滨水景观设计 [M]. 北京：高等教育出版社，2010.

[8] 王其钧 . 城市景观设计 [M]. 北京：机械工业出版社，2011.

[9] 王劲韬 . 城市与水：滨水城市空间规划设计 [M]. 南京：江苏凤凰科学技术出版社，2017.

[10] 徐雷 . 城市设计 [M]. 武汉：华中科技大学出版社，2008.

[11] 赵景伟 . 城市设计 [M]. 北京：清华大学出版社，2013.

[12] 董丽 . 园林花卉应用设计 [M]. 北京：中国林业出版社，2003.

[13] 梁心如 . 城市园林景观 [M]. 沈阳：辽宁科学技术出版社，2000.

[14] 土木学会 . 道路景观设计 [M]. 章俊华等,译 . 北京：中国建筑工业出版社,2003.

[15] 张家骥 . 园冶全释 [M]. 太原：山西古籍出版社,2002.

[16] 王晓俊 . 西方现代园林设计 [M]. 南京：东南大学出版社,2000.

[17] 牛慧恩 . 城市中心广场主导功能的演变给我们的启示 [J]. 城市规划,2002（1）.

[18] 吕明伟 . 园林艺术中的植物景观配置 [J]. 山东绿化,2000（2）.

[19] 丁铭绩 . 浅谈城市道路绿化设计 [J]. 科技情报开发与经济,2003（12）.

[20] 陈杰 . 水文化建设研究初探 [J]. 城市规划,2003（9）.

[21] 郭红雨 . 城市滨水景观设计研究 [J]. 华中建筑,1998(3).

[22] 王晓燕 . 城市夜景观规划与设计 [M]. 南京：东南大学出版社,2000.

[23] 李铁楠 . 景观照明的创意和设计 [M]. 北京：机械工业出版社,2004.

[24] 日本土木学会 . 景观与建筑：滨水景观设计 [M]. 孙逸增,译 . 大连：大连理工大学出版社,2002.

[25] 张庭伟,冯晖,彭治权 . 城市滨水区设计与开发 [M]. 上海：同济大学出版社,2002.

[26] 王向荣,林箐 . 西方现代景观设计的理论与实践 [M]. 北京：中国建筑工业出版社,2002.

[27] 俞孔坚 . 景观设计 [M]. 北京：中国建筑工业出版社,2003.

[28] 梁雪,肖连望 . 城市空间设计 [M]. 天津：天津大学出版社,2000.

[29] 宋培杭 . 城市景观 [M]. 北京：中国建筑工业出版社,2001.

[30] 王鹏 . 城市公共空间的系统化建设 [M]. 南京：东南大学

出版社，2002.

[31] 魏婷．城市微观环境设计 [M]. 重庆：西南大学出版社，2005.

[32] 马军山．城镇绿化规划与设计 [M]. 南京：东南大学出版社，2002.

[33] 顾小玲．景观设计艺术（设计篇）[M]. 南京：东南大学出版社，2004.

[34] 魏向东．城市景观 [M]. 北京：中国林业出版社，2005.

[35] 冯炜，李开然．现代景观设计教程 [M]. 杭州：中国美术学院出版社，2002.

[36] 尹思谨．城市色彩景观规划设计 [M]. 南京：东南大学出版社，2004.

[37] 许浩．城市景观与规划设计理论与技法 [M]. 北京：中国建筑工业出版社，2006.

[38] 王富臣．形态完整——城市设计的意义 [M]. 北京：中国建筑工业出版社，2005.

[39]WolfgangF.R.Preiser.Building Evaluation[M].New York：Plenum Press，1989.

[40]David Gosling，Barry Maitland.Concepts of Urban Design[M].London：Academy Editions，1984.